CHUANGXIN SIWEI YU FANGFA

创新思维与方法

● 主　编　陈卓国
● 副主编　胡　柳　王　珉

华中科技大学出版社
http://www.hustp.com
中国·武汉

主编简介

陈卓国，男，汉族，1967年10月生，湖北武汉人。中国民主促进会会员，中国民主促进会湖北省委委员；曾任武汉市第九届政协委员。先后获湖北大学外国语学院英语教育专业学士学位、武汉大学工商管理硕士学位。从事英语教学21年，曾作为访问学者赴美国名校访问学习，先后编写出版著作五部，发表论文十余篇。先后创办湖北商贸学院和武汉海淀外国语实验学校。湖北商贸学院在艾瑞深中国校友会发布的榜单中名列中国财经类民办大学排行榜前3强、中国民办大学排行榜前30强。武汉海淀外国语实验学校目前已成为华中地区顶级的国际化精英教育学校之一。

图书在版编目(CIP)数据

创新思维与方法/陈卓国主编．—武汉：华中科技大学出版社，2019.9(2025.2重印)
ISBN 978-7-5680-5794-3

Ⅰ.①创… Ⅱ.①陈… Ⅲ.①创造性思维 Ⅳ.①B804.4

中国版本图书馆 CIP 数据核字(2019)第 225741 号

创新思维与方法	陈卓国　主编

Chuangxin Siwei yu Fangfa

策划编辑：曾　光
责任编辑：张　娜
封面设计：孢　子
责任监印：朱　玢
出版发行：华中科技大学出版社(中国·武汉)　　电话：(027)81321913
　　　　　武汉市东湖新技术开发区华工科技园　　邮编：430223
录　　排：华中科技大学惠友文印中心
印　　刷：武汉邮科印务有限公司
开　　本：710mm×1000mm　1/16
印　　张：9.5
字　　数：199千字
版　　次：2025年2月第1版第8次印刷
定　　价：29.00元

本书若有印装质量问题，请向出版社营销中心调换
全国免费服务热线：400-6679-118　竭诚为您服务
版权所有　侵权必究

序

PREFACE

在知识经济时代,创新能力是面对各种竞争和挑战必备的核心能力,而创新能力的核心是创新思维。具有创新思维、掌握创新方法是创新人才能力培养的必备条件,创新方法的内涵和精髓其实就是提升创新能力。思维决定思路,思路决定出路,出路决定人生。

"创新思维与方法"课程是一门经过长期教学实践检验,抽取、融合多种优秀创新思维方法,以创新的理念、创新的视野、创新的方法精心构建的课程。通过有意识的学习和总结,通过掌握一定的思维方法、学习方法、工作方法,并通过不断的实践,学会用全新的视角、开阔的思路来迎接挑战,抢抓机遇,获取更多的就业、创业机会。

本书的特色如下:在符合认知规律,保证结构完整,符合教材、课程的基本属性要求的基础上,章节内容的安排体现了前后联系的线性关系,同时也力求体现创新思维所具有的"非线性"的生态架构。

创新能力源自创新思维、创新方法以及创新实践的有机结合,本书的三大基本模块,也揭示了模块之间最本质的联系。本书三大模块的内容设计包括感悟创新思维、创新思维方法、创新技法。

(1) 感悟创新思维。思维是创新的主导,是方法的灵魂,是创新者应该时时修炼的"内功"。只有将创新的思维领悟至深且融入意识,形成习惯,才能在创新过程中得心应手,如鱼得水。感悟创新思维,我们将从认识思维潜能开始,打破思维惯性,树立发散意识,然后通过联想、想象、逆向的方法充分发散思维,并学会随时捕捉灵光一现的创新灵感。

(2) 创新思维方法。从多视角出发,突出"学校、社会、企业"三者融合的理念,从多角度分析讲解创新思维与方法的应用。本书有针对性地设置了丰富的古今中外有关创新思维与方法的案例,辅助学生学习。

(3) 创新技法。工具——创新者应该努力掌握的"技法",是创新的手段,是方法的基础。创新技法的核心是团队协作,我们深深懂得团队协作的重要性,所以,要先学会整合智力,齐心协力。六顶思考帽将会使思维相互并联同时达到并联同步;头脑风暴法将会让我们感受到思维激励、集思广益的神奇力量;和田十二法则是具体解决问题的过程中常用的基本工具与技法。我们带着疑问开始,以问题为核心导向,层层深入,探索用系统思考的方法全面认识问题,学会用动态思考的方法简单解决问题,尝试用积极思考的方法进一步发现问题和寻找解决问题的终极方案,用矛盾思考的方法解剖问题的深层次根源,并有效分离矛盾,还有关键的一步,即找到最终解决问题的材料——资源。

本书的三个模块,"创新思维方法"由主编陈卓国编写,"创新技法"由副主编胡柳编写,"感悟创新思维"由副主编王珉编写。

我们期待广大师生提出宝贵的意见、建议,我们将不断完善、改进,优化本书知识结构及内容,努力建设一门深受广大师生喜爱的创新课程。

编者

2019 年 8 月

目录
CONTENTS

第一篇　感悟创新思维

第一章　创新与创新思维 ⋯⋯⋯⋯⋯⋯⋯⋯⋯⋯⋯⋯⋯⋯⋯⋯⋯⋯ 3
第一节　创新 ⋯⋯⋯⋯⋯⋯⋯⋯⋯⋯⋯⋯⋯⋯⋯⋯⋯⋯⋯⋯⋯ 4
第二节　创新思维 ⋯⋯⋯⋯⋯⋯⋯⋯⋯⋯⋯⋯⋯⋯⋯⋯⋯⋯⋯ 10

第二章　突破思维定式 ⋯⋯⋯⋯⋯⋯⋯⋯⋯⋯⋯⋯⋯⋯⋯⋯⋯⋯⋯ 22
第一节　思维定式的内涵 ⋯⋯⋯⋯⋯⋯⋯⋯⋯⋯⋯⋯⋯⋯⋯⋯ 23
第二节　常见的思维定式 ⋯⋯⋯⋯⋯⋯⋯⋯⋯⋯⋯⋯⋯⋯⋯⋯ 27
第三节　如何突破思维定式 ⋯⋯⋯⋯⋯⋯⋯⋯⋯⋯⋯⋯⋯⋯⋯ 30

第二篇　创新思维方法

第三章　发散思维与收敛思维 ⋯⋯⋯⋯⋯⋯⋯⋯⋯⋯⋯⋯⋯⋯⋯⋯ 37
第一节　发散思维 ⋯⋯⋯⋯⋯⋯⋯⋯⋯⋯⋯⋯⋯⋯⋯⋯⋯⋯⋯ 37
第二节　收敛思维 ⋯⋯⋯⋯⋯⋯⋯⋯⋯⋯⋯⋯⋯⋯⋯⋯⋯⋯⋯ 45
第三节　发散思维与收敛思维的关系 ⋯⋯⋯⋯⋯⋯⋯⋯⋯⋯⋯ 47

第四章　联想思维 ⋯⋯⋯⋯⋯⋯⋯⋯⋯⋯⋯⋯⋯⋯⋯⋯⋯⋯⋯⋯⋯ 50
第一节　什么是联想思维 ⋯⋯⋯⋯⋯⋯⋯⋯⋯⋯⋯⋯⋯⋯⋯⋯ 50
第二节　联想思维的类型 ⋯⋯⋯⋯⋯⋯⋯⋯⋯⋯⋯⋯⋯⋯⋯⋯ 54
第三节　训练联想思维的方法 ⋯⋯⋯⋯⋯⋯⋯⋯⋯⋯⋯⋯⋯⋯ 59

第五章　逆向思维 ⋯⋯⋯⋯⋯⋯⋯⋯⋯⋯⋯⋯⋯⋯⋯⋯⋯⋯⋯⋯⋯ 65
第一节　什么是逆向思维 ⋯⋯⋯⋯⋯⋯⋯⋯⋯⋯⋯⋯⋯⋯⋯⋯ 65
第二节　逆向思维的类型 ⋯⋯⋯⋯⋯⋯⋯⋯⋯⋯⋯⋯⋯⋯⋯⋯ 67
第三节　逆向思维与发明原理 ⋯⋯⋯⋯⋯⋯⋯⋯⋯⋯⋯⋯⋯⋯ 71
第四节　培养逆向思维的途径 ⋯⋯⋯⋯⋯⋯⋯⋯⋯⋯⋯⋯⋯⋯ 75

第六章　想象思维 ⋯⋯⋯⋯⋯⋯⋯⋯⋯⋯⋯⋯⋯⋯⋯⋯⋯⋯⋯⋯⋯ 77
第一节　什么是想象思维 ⋯⋯⋯⋯⋯⋯⋯⋯⋯⋯⋯⋯⋯⋯⋯⋯ 77
第二节　想象思维的种类 ⋯⋯⋯⋯⋯⋯⋯⋯⋯⋯⋯⋯⋯⋯⋯⋯ 81
第三节　提高想象思维能力 ⋯⋯⋯⋯⋯⋯⋯⋯⋯⋯⋯⋯⋯⋯⋯ 84

第三篇　创新技法

第七章　头脑风暴法 ······ 91
　第一节　什么是头脑风暴法 ······ 91
　第二节　应用头脑风暴法 ······ 95
　第三节　使用头脑风暴法的误区 ······ 99

第八章　六顶思考帽 ······ 103
　第一节　什么是六顶思考帽 ······ 104
　第二节　六顶思考帽的应用 ······ 110

第九章　5W2H法 ······ 114
　第一节　认识质疑思考 ······ 114
　第二节　5W2H分析法 ······ 120

第十章　和田十二法 ······ 125
　第一节　认识动态思考 ······ 125
　第二节　认识和田十二法 ······ 128

第十一章　TRIZ创新方法 ······ 135
　第一节　TRIZ概述 ······ 135
　第二节　TRIZ创新思维方法 ······ 138
　第三节　TRIZ的核心思想 ······ 143

参考文献 ······ 145

第一篇 感悟创新思维

DIYIPIAN

第一章 创新与创新思维

 学习目标

(1) 知识目标:理解创新与创新思维的概念,了解创新思维的作用。
(2) 技能目标:掌握激发思维潜能的一般性方法。
(3) 体验目标:培养创新思维能力,增强创新的自信心,培养积极思维的好习惯。

大约 100 年前,美籍奥地利经济学家约瑟夫·熊彼特第一次提出了创新的概念,并系统研究了"创新"对经济发展的作用。他的独到见解轰动了当时的经济学界。从此,创新的观念深入人心,人们逐渐认识到人类历史就是一部创新的历史;人类的物质文明与精神文明都是人类不断创新的成果;创新是技术进步、经济发展的源泉。

 案例 1-1

创新无处不在

也许你认为这只是一个普通的油漆桶,但仔细一看,你会发现油漆桶的边缘处有一个小缺口,它仅是对常规的油漆桶边缘进行改良的升级创意设计,却为用户使用带来了相当大的便利。因为这样的小缺口能起到很好的引流作用,使用时用户能更精确地掌控倒出的量,不使油漆溅得到处都是。见图 1-1。

图 1-1 创意油漆桶

你是否曾遇到这样的情况:门口的灯光非常昏暗,眼睛无法看清钥匙孔;或者喝

醉酒之后回家,即便蹲下来,用眼睛直视钥匙孔,也很难将钥匙准确地插进那小小的钥匙孔?看看这款钥匙孔设计,也是在周边设置了缺口:一个很大的凹槽,而且有一定的弧度,即使在灯光昏暗、醉酒的情况下也能轻易地找到钥匙孔。见图1-2。

图1-2　创意钥匙孔

图1-3的托盘和一般的托盘有什么区别呢?显然,该托盘也采用了凹槽设计:一个个小槽口。这些小槽口刚好可以卡住酒杯,使得酒杯不会因为手的晃动而轻易移动。这对于新手服务员来说绝对是救星——再也不用担心托盘上的酒杯晃动甚至掉落了。

图1-3　创意托盘

第一节　创　　新

一、什么是创新

"创新"一词起源于拉丁语,有三层含义:更新、创造新的东西、改变。《现代汉语词典》的解释是:抛开旧的,创造新的。

首先,创新是一个经济学的概念,即经济学家约瑟夫·熊彼特1912年在他的《经济发展理论》一书中提出的创新含义。按照约瑟夫·熊彼特的观点,创新就是建立一种新的生产函数,把一种从来没有过的关于生产要素和生产条件的"新组合"引入生产体系。它包括引进新产品、引用新技术(采用一种新的生产方法)、开辟新市场、获得原材料的新供应来源、实现企业的新组织等五种情况。

其次,创新是一个科学技术领域(包括自然科学、社会科学)的概念,是一种对科学发现、发明、创造、技术革新等创新性成果的泛称。

再次,创新是泛指摒弃旧的事物(思路、办法),创造新的事物。这种创新概念应用广泛,适用于社会生活、学习工作的各个领域。

最后,创新是一种精神、一种探索、一种理念。我们青年学生学习、实践所需要培养的就是这种"创新"精神及理念。

综上所述,到底什么是创新?创新是指以提出有别于常规或常人思路的见解为导向,利用现有的知识和物质,在特定的环境中,本着理想化需要或为满足社会需求,而改进或创造原来不存在或不完善的事物、方法、元素、路径、环境,并能获得一定有益效果的行为。创新是人类特有的认知能力和实践能力,是人类主观能动性的高级表现。创新是以新思维、新发明和新描述为特征的一种概念化过程。

 案例 1-2

第一个鼠标

图1-4所示是世界上第一个鼠标。1968年,美国斯坦福大学的博士道格拉斯·恩格尔巴特展示了这个鼠标。这个鼠标的设计目的是代替键盘烦琐的指令,使计算机的操作更加简便。当时的鼠标只是一个小木头盒子,拖着长长的连线,形似老鼠,其工作原理是它底部的小球带动枢轴转动,继而改变变阻器的阻值产生位移信号,然

图1-4 世界上的第一个鼠标

后再将信号传至主机。

我国在20世纪90年代把"创新"一词引入科技界,形成了"知识创新""科技创新"等各种概念,进而扩展到社会生活的各个领域,由此使创新的说法无处不在。

清华大学科学与社会研究所的李正风教授认为,"创新"一词在我国存在两种理解,一种是从经济学角度来理解的创新,另一种是根据日常含义来理解的创新。目前,人们经常谈到的创新,实际上是"创新"的日常概念,简单地讲就是"创造和发现新东西"。神舟飞船原总设计师、中国工程院戚发韧院士认为:"创新是根据中国的需要,运用中国的办法解决中国问题。"

二、创新的分类

创新按照创新成果和创新活动性质的不同可分为多种类型,以下是近年来国内外研究者对创新的不同分类方法。

(一)按照创新成果是否原创分类

根据创新成果是否具有原创性,分为原始创新和改进创新。

原始创新,就是指重大科学发现、技术发明、原理性主导技术等原始性创新活动。诺贝尔科学奖获奖者的多少是一个国家在推动原始创新中是否处于领先地位的标志。

改进创新,是对原有的科学技术进行改进所做的创新。比如,火车的驱动方式从最初的蒸汽机发展到内燃机,再发展到电力驱动,行驶速度也在不断提升,最终构建了遍布全球的高速铁路网。改进创新可分为材质的改进、原理结构的改进和生产技术的改进等。

微 波 炉

珍惜偶然的发现,开展相关原理的探索,往往会带来意想不到的创新成果。微波炉的发明者是美国工程师珀西·勒巴朗·斯宾塞(Percy LeBaron Spencer)。微波炉最早的名称是"爆米花和热团加热器"(popcorn and hot pockets warmer),它是在雷达技术研发项目中被偶然发明出来的。

"二战"爆发后,斯宾塞在一家公司从事雷达技术开发工作。斯宾塞喜欢吃甜食,一天,他在实验室做实验时,一块巧克力棒粘在了他的短裤上。斯宾塞注意到,当他运行磁控管时,裤子上的巧克力棒融化了。思维敏捷的他给出了一个似乎不太合理的解释:肉眼看不见的辐射光线"将巧克力棒融化了"。斯宾塞在好奇心的驱动下,继续用磁控管做实验,利用这种装置让鸡蛋爆裂,还能制作爆米花,这些实验都证明了他的猜想。最后,他设计了一个箱子将这个装置包装起来,变成一种烹饪食品的新工具并推向市场,很难想象雷达领域的技术会进入普通老百姓的厨房。

(二)按照创新成果是否首创分类

根据创新成果是否属于全世界范围内出现的首例,可以分为绝对创新和相对创新。

绝对创新是指在全世界范围内实现的首创。例如,我国的四大发明、牛顿的运动定律等便是在全世界范围内的首创,属于绝对创新。

相对创新是不考虑其成果是否属于全世界范围内实现的首创。相对创新不考虑外界环境,创造者在自己原来的基础上实现的新突破属于相对创新。

(三)按照创新成果是否拥有自主知识产权分类

根据创新成果是否拥有自主知识产权,可以分为自主创新和模仿创新。

自主创新是相对于技术引进、模仿而言的一种创新活动,它是指拥有自主知识产权的独特的核心技术,在此基础上实现产品创新的过程。自主创新的成果,一般体现为新的科学发现以及拥有自主知识产权的技术、产品、品牌等。

模仿创新与自主创新是两个相对的概念。模仿创新即通过模仿而进行的创新活动,一般包括完全模仿创新、模仿后再创新两种模式。模仿创新难免会在技术上受制于人,随着知识产权保护意识的不断增强,专利制度的不断完善,要获得效益显著的技术十分困难。

案例 1-4

海尔:人人都是创新体

海尔究竟是如何通过产品创新占领全球市场的?张瑞敏的答案是:由传统组织裂变出来的、分布在企业内部的 2000 个自主经营体,成为创新用户资源的利润中心。

海尔开创了自主经营体模式,将传统的"正三角"组织结构变为"倒三角":让消费者成为发号施令者,让一线员工在最上面,倒逼整个组织结构和流程的变革,使以前高高在上的管理者成为倒金字塔底部的资源提供者。

在自主经营体模式下,没有上下级的公司运营规则,2000 多个自主经营体就像是海尔内部的活跃细胞,迸发出无与伦比的创新能量。所有变革围绕用户,为用户创造更大的价值,赋予每个自主经营体"用人权"和"分配权",让每个自主经营体成为参与市场竞争、自我激励、享受增长的虚拟公司。自主经营体模式将员工作为创新源,"员工从听令者变成了主动创新者,与用户的关系成了主动服务的关系",海尔总裁杨绵绵表示。传统企业"上有政策,下有对策"的非合作博弈消耗了企业资源,而自主经营体则将员工与企业之间的博弈转变为每个经营体与用户之间的契约。所有的经营体必须根据用户的需求变化,不是服从于企业或者上级的任务指标,而是服从于用户的需求,将员工与企业的博弈转变为员工为了创造最大价值和提升自身能力的博弈。

（四）按照创新活动涉及的领域分类

根据创新活动所涉及的不同领域，创新又可分为科技创新、观念创新、制度创新、文化创新、教育创新、理论创新、营销创新等。

Hotmail 的创立

Hotmail 的创始人之一沙比尔·巴蒂亚是一个印度人，斯坦福大学的毕业生。他一开始根本没有想到要做 Hotmail，而是想做网络上的数据库，风险投资公司认为这没有希望。与风险投资公司沟通结束前他说："我还有一个想法，是做免费的基于网页的电子邮件。"这里面其实有两层想法：一是免费，二是基于网页。免费这一想法并无新意，在这之前已有三个公司做免费电子邮件，都失败了。而第二层想法，即电子邮件基于网页，在使用电子邮件需要架设专用服务器的时代，这是一个创新的想法。1995 年，他与杰克·史密斯（Jack Smith）共同创立了 Hotmail 电子邮件系统，1996 年 7 月 4 日正式对外运营，1997 年 12 月 31 日将此系统以四亿美元卖给微软，Hotmail 成功了。

改变常规的想法，从新的视角看待问题与失败，Hotmail 的创立无疑做到了观念创新。

三、创新的原则及特征

（一）创新的原则

创新的原则是开展创新活动所依据的法则和判断创新构思所凭借的标准，它体现了创新的规律和性质。按创新的原则去创新，可使创新活动更优化、更安全、更可靠。

1. 科学原理原则

创新必须遵循科学原理，不能违背科学，因为任何违背科学原理的创新最终是无法获得成功的。比如，历史上许多才思卓越的人前仆后继地力图发明一种既不消耗任何能量又可不断运行的"永动机"，但无论他们的构思如何巧妙，"永动机"无一成功，其原因在于他们的构思违背了"能量守恒"的科学原理。

2. 机理简单原则

在现有科学技术条件下，如果不限制实现创新的方式和手段，所付出的代价可能远远超出合理范围，使创新得不偿失。在科技竞争日趋激烈的今天，结构复杂、功能冗余、用法烦琐已成为技术不成熟的特征。因此，在创新的过程中，要始终贯彻机理简单原则，在同等效果下，机理越简单越好。为使创新的设想或结果更符合机理简单原则,可进行如下检验。

(1) 新事物所依据的原理是否重叠,超出应有范围?
(2) 新事物所显现的结构是否复杂,超出应有程度?
(3) 新事物所具备的功能是否冗余,超出应有数量?

3. 构思独特原则

构思独特的创新往往能出奇制胜,创新贵在独特和新颖。在创新活动中,可以通过新颖性、开创性、特色性这几个方面来考量创新构思是否独特。

4. 相对较优原则

创新事物不可能十全十美,因此,创新不能盲目追求最优、最佳、最先进。许多创新设想各有千秋,这就需要人们按相对较优的原则,对设想进行判断选择。

(1) 从创新技术先进性比较哪个更领先和超前。
(2) 从创新经济合理性比较哪个更合理。
(3) 从创新整体效果比较哪个更全面和更优化。

5. 不轻易否定且不简单比较原则

不轻易否定且不简单比较原则包括两个方面:一方面,不轻易否定指在分析评判各种产品创新方案时,应避免轻易否定创新方案;另一方面,不简单比较指不要随意在两个事物之间进行简单比较。

在飞机发明之前,科学界曾从理论上进行了否定的论证,然而最后飞机被发明出来了,并给人们的生活带来了极大的便利。显然,由于人们的主观判断,用常规思维分析某项发明而得出的结论可能是片面的。

在避免轻易否定时,也不能以简单的方式对创新项目的优势进行比较,因为创新的广泛性和普遍性源于创新的相融性,就像人们经常使用的钢笔和铅笔互不排斥,而即便是铅笔,也有木质的普通铅笔和金属(或塑料)材质的自动铅笔之分,它们之间并不存在相互排斥的问题。

(二) 创新的特征

除人类之外,其他动植物只能进行演化,而不能创新。创新是人类特有的活动,它具有以下五个方面的特征。

(1) 超前性:创新必然具有超前性,它是以"求新"为灵魂,但这种超前是从实际出发,实事求是的超前,属于创造性的实践活动。

(2) 新颖性:创新具有新颖性。创新会摒弃现有不合理的事物,革除过时的内容,然后再确立新事物。

(3) 变革性:创新是一种深刻的变革,是对已有事物的改革和革新。

(4) 目的性:任何创新活动都有一定的目的性,这个特征贯穿于整个创新过程。

(5) 价值性:创新有明显、具体的价值,对社会经济具有一定的增值作用。

案例 1-6

铱星的陨落

20世纪90年代,美国摩托罗拉公司一位叫巴里·伯蒂格的工程师提出了一个构想:制造一台在全世界任何地方、任何时间都能通话的手机。这个构想得到了摩托罗拉公司管理层的赞赏,摩托罗拉公司原董事长加尔文下定决心要将该构想付诸实践。

1991年,摩托罗拉公司正式决定建立由77颗低轨道卫星组成的移动通信网络,并命名为"铱星"。"铱星"计划是通过建立由77颗(后减至66颗)低轨道卫星组成的移动通信网络,达到覆盖整个地球网络信息的目的,使其成为地球上最大的无线通信系统。

经过长达6年的研发,1997年"铱星"系统投入商业运营,铱星移动电话成为唯一在地球表面任何地方都能通话的公众移动通信工具。1998年5月,铱星公司的股票也从发行时的每股20美元飙升到每股70美元。

虽然铱星公司的确实现了高科技的通信,开创了全球个人通信的新时代,但是50多亿美元的研发费用和系统建设费用使铱星公司背上了沉重的债务负担。

另外,在全球科技飞速发展的环境下,普通移动电话技术已经足够满足大众的需求,铱星公司的市场状态并不理想。

在资金和市场的双重压力下,1999年8月,铱星公司因为无力偿还债务而被迫申请破产。这个被大家评为美国最佳科技成果的"铱星"系统,仅仅运营一年多就宣告失败了。

第二节 创 新 思 维

阅读材料

创新思维的发展历程

一般来说,创新思维是指以新颖独创的方法打破常规、解决问题的思维,通过这种思维能以超常规甚至反常规的方法、视角去思考问题,提出与众不同的解决方案,从而产生新颖的、独到的、有社会意义的思维成果。创新思维对于整个社会具有非常重要的意义,可以说没有创新思维,社会就没有进步。从原始社会到奴隶社会,从封建社会到现代社会,人类的一切进步都和创新思维紧密相关,创新思维也贯穿了整个人类文明。比如,我国古代的四大发明,蒸汽机的发明,爱迪生发明的留声机和电灯,电脑的发明等推动人类社会革命性的发明都是在创新思维的指导下产生的。

1869年，英国生理学家高尔顿发表的《遗传的天才》一书是最早关于创造力研究的科学文献。但创新思维一直未被科学家们系统研究，直到1945年美国心理学家约瑟夫·沃拉斯在《思考的艺术》中首次对创新思维进行了系统的研究和分析，提出了创新思维的一般模式。同年，德国心理学家韦索默在《创造性思维》中明确提出了"创造性思维"这一概念。他认为创造性思维是格式塔的"结构说"。而这种格式塔结构既不是来自机械的练习，也不能归之为过去经验的重复，而是通过顿悟获得的。1967年，美国心理学家吉尔福特在系统地研究了创造力后，认为人的智力应该由智力的内容、智力的操作以及智力的产物三个维度构成，而创新思维的核心正是第二个维度——智力的操作。他又提出了发散思维具有流畅性、灵活性、独创性和精致性。这四个特征同样也是创新思维的主要特征。在此基础上，人们对创新思维的研究又上了一个台阶。我国哲学家章士嵘在《科学发现的逻辑》一文中对创新思维的逻辑机制做了一定的探讨。自20世纪90年代起，我国各界各学科人士掀起了创新思维研究的热潮，并取得了一定的研究成果。

1988年，美国耶鲁大学教授斯滕伯格在对创造力深入分析研究后，提出了"创造力三维模型理论"。第一维是指与创造力有关的"智力"（智力维）；第二维是指与创造力有关的认知方式（方式维）；第三维是指与创造力有关的人格特质（人格维）。他认为智力维和创新思维紧密相关，属于一种创造性思维模型，一时在国际上产生了巨大影响。1995年，美国加州大学心理学家若宾等人发表的题为《前额叶皮层的功能和关系复杂性》的论文，提出了"最高级思维模型"，这为创新思维模型的建立具有很大的启发意义。目前，关于创新思维的研究已经相当成熟。研究者更加明确了创新思维的内涵、本质、基本形式以及如何训练创新思维等。而真正需要我们做的就是如何根据当下社会的需求培养创新思维、运用创新思维，推动人类社会的进步。

一、什么是创新思维

（一）思维

思维科学认为，思维是人接收信息、贮存信息、加工信息以及输出信息的全过程，而且是概括地反映客观现实的过程。心理学认为，思维是人脑对客观事物间接的、概括的反映，是人的认识能力的核心。思维的过程包括对相关事物的分析、综合、比较、分类、抽象、概括、具体化、系统化。

脑科学的研究表明，大脑中有150亿个神经元，每个神经元随时与附近其他的神经元发生联系，形成许多的神经接触点。这些神经接触点之间能够形成数量极其巨大的神经回路，由此作为人类思维得以产生的物质基础，使人的思维创新具有极大的潜力。

半个多世纪以来，有关人脑的科学研究取得了重大进展。通过研究发现，人的左、右脑在功能上存在着巨大的区别,又共同协调指挥着人的一切活动。左脑以"条理记忆"为特征,可称为"知性脑";右脑以"瞬间记忆"为特征,可称为"艺术脑"。左脑主要支配着人的逻辑、抽象思维能力;而形象思维、情感思维则主要由右脑控制。人的大脑两半球虽有分工,各有侧重,但是相互协作、相辅相成,左脑的理性思维,也会促进右脑非理性思维的发展,在学术上有所成就的人,在艺术上也常有创新。

创新潜力的开发为什么容易受到忽视?这是因为创新潜力是一种心理潜能,心理潜能比生理潜能弱很多,更容易被忽视。比如,饥饿反应是一种较强的生理潜能。身体活动要消耗能量,就要吃东西,这是人的一种生理本能。但是,创新力的心理潜能很微弱,右脑神经细胞缺乏必要的刺激,外部几乎没有反应,你可能全然不知右脑机能正在衰退。现在需要做的是,首先意识到自己的创新潜力,其次唤醒沉睡的创新潜能,投身到创新实践活动中。

高尔基巧装蛋糕

苏联作家、政论家高尔基早年曾在一家食品店当童工。有一天商店接到一张订单,上面写着:"定做蛋糕9块,要装在4个盒子里,且每个盒子装的蛋糕不得少于3块。"蛋糕很快就做好了,可怎么包装呢?真把人给难住了。老板一会儿这样摆,一会儿那样摆,就是无法符合客户的要求,全店的人都为此伤透了脑筋。

这时,干杂活的高尔基好奇地拿过单子一看,笑着说:"这有何难……"老板就让他试试。他先将9块蛋糕分装在3个盒子里,每盒装3块,然后再将这3个盒子一起装在1个大盒子里。

(二)创新思维

创新思维是指不受常规思路的约束,以新颖、独创的方法解决问题的思维。通过创新思维能突破常规思路的界限,以超常规甚至反常规的方法、视角去思考问题,提出与众不同的解决方案,从而产生新颖的、独到的、有社会意义的思维成果。我们常说"思路决定出路,格局决定结局",创新思维是实现创新的重要前提。

创新思维是在客观需要的推动下,以新获得的信息和已贮存的知识为基础,综合地运用各种思维形态或思维方式,克服思维定式,经过对各种信息、知识的匹配和组合,或从中选出解决问题的最优方案,或系统地加以综合,或借助类比、直觉、灵感等创造出新方法、新概念、新形象、新观点,从而使认识或实践取得突破性进展的思维活动。

创新思维能力是创新力的核心,它的产生是人脑的左脑和右脑同时作用和默契配合的结果。创新思维和创新一样,是一个外延极广、内涵丰富的概念。无论从思维方式、思维结果、思维类型,还是从思维特征所下的定义都不能囊括它的全部含义。

创新思维是头脑瞬间的闪光,是对某种现象本质的深入追求,是已知向未知的扩展。但是,不论人们对创新思维下怎样的定义,创新思维的本质都在于创新,在于意想不到,在于破除形式逻辑的限制,因而非逻辑思维形式更能突出创新思维的本质特征。

三星公司的"生鱼片"法则

韩国三星公司信仰"生鱼片"法则:如果你在海里钓到一条名贵的鱼,趁新鲜可以到顶级日本料理店,生鱼片可以卖个好价钱,但晚一天,就只能以一半的价格卖到二流餐厅,再晚一天,只能卖四分之一的价钱,再晚的话,鱼就变得不值钱了。而电子产品的开发与推销也是同样的道理,要在市场竞争展开之前将最先进的产品推向市场,放到零售架上。这样,就能赚取由额外的时间差带来的高利润。但只要迟到两个月,就毫无竞争优势可言。

这套理论形成了三星公司的"四先原则":发现先机,先取得技术标准,抢先在全球开卖,取得全球领先地位。为了了解消费者,发现先机,三星每年全额资助两三百位优秀员工,到全球超过80个国家旅行,考察当地文化和风俗,将各地消费者的习性,融入产品设计中。

进入21世纪,三星将未来押在NAND闪存芯片上,通过推动NAND闪存芯片战略,加强其在全球存储器市场上的主宰地位。如今三星在DRAM和闪存全球市场占有半壁江山。三星是首家使用3D NAND技术大规模生产NAND闪存芯片的厂商,NAND技术领先主要竞争对手——东芝、SK海力士和美光,至少2~3年,产生了竞争对手难以企及的规模经济效应。

创新思维是人类思维的最高表现形式。在思维的类别中,与常规性思维相对,创新思维是指以新颖独创的方法解决问题的思维。这种思维不仅能揭示客观事物的本质及规律,在创新思维的驱动下,人类的物质文明和精神文明也将得到大幅提升。不过,只有在正确认识自己的前提下才能建立起创新思维理念,进而产生创新的行为。

鬼谷子与创新思维

相传中国古代著名军事家孙膑的老师鬼谷子在教学中特别善于培养学生的创新思维,其方法别具一格。有一天,鬼谷子给孙膑和庞涓每人一把斧头,让他俩上山砍柴,要求"木柴无烟,百担有余",并限期10天内完成。庞涓未加思索,每天砍柴不止。

孙膑则经过认真考虑后,选择一些榆木放进窑洞里,烧成木炭,然后用一根柏树枝做成的扁担,将榆木烧成的木炭担回鬼谷洞,意为"百(柏)担有余(榆)"。10天后,鬼谷子先在洞中点燃庞涓的木柴,火势虽旺,但浓烟滚滚。接着鬼谷子又点燃孙膑的木炭,火旺且无烟。这正是鬼谷子所期望的。

二、创新思维的特征

1. 开放性

发散性思维就是一种开放性的思维,其过程是从某一点出发,任意发散,既无一定方向,也无一定范围。它主张打开大门,张开思维之网,冲破一切禁锢,尽力接受更多的信息。可以海阔天空地想,甚至可以想入非非。人的行动自由可能会受到各种条件的限制,但人的思维活动却有无限广阔的天地,是任何外界因素难以限制的。

发散性思维是创新思维的核心。发散性思维能够产生众多的可供选择的方案、办法及建议,能提出一些别出心裁、出乎意料的见解,使一些似乎无法解决的问题迎刃而解。

硅谷钢铁侠——马斯克

2018年2月,埃隆·马斯克创立的Space X成功将"猎鹰"重型火箭发射升空。马斯克被公认为继乔布斯之后,新一代的硅谷精神领袖,甚至比乔布斯更伟大。马斯克从小就痴迷于科学技术,更是痴迷于航天飞行。大学期间,马斯克开始深入关注互联网、清洁能源、太空这三个领域。他认为,这三个领域影响着人类的未来发展。2000年,他与朋友成立了专注移动支付领域的PayPal。2002年,马斯克转身投入太空探索领域,成立太空探索技术公司(Space X),开始研究如何降低火箭发射成本,并计划在未来实现火星移民,打造人类真正的太空文明。他还提出了时速高达1287公里的Hyperloop(超级高铁)的设想,将再度引领交通革命的浪潮。

马斯克还成立了一家名叫Neuralink的公司,其正在寻求开发一种被称作"神经织网"(neural lace)的新技术。据报道,这种技术可以在人类大脑中植入微电极。也许未来某一天,人们可以借此上传或下载自己的思维,将计算机与人类的大脑结合在一起。

马斯克探索性工作的意义在于,他不仅是互联网领域的创新者,而且在多个实体经济领域有重大突破。这种突破既是梦想驱使的结果,也是脚踏实地找到新商业逻辑的结果。

2. 联想性

联想是将表面看来互不相干的事物联系起来,从而实现创新。联想性思维可以利用已有的经验创新,如我们常说的由此及彼、举一反三、触类旁通,也可以利用别人的发明或创造进行创新。联想是创新者在创新思考时经常使用的方法,也比较容易见到成效。

能否主动地、有效地运用联想,与一个人的联想能力有关,然而在创新思考中若能有意识地运用这种方式则是有效利用联想的重要前提。任何事物之间都存在一定的联系,这是人们能够采用联想的客观基础,因此联想的最主要方法是积极寻找事物之间的联系。

案例 1-11

"流汗产业"怎么比别人多赚些?

让别人流汗就能赚到钱吗?没错,城市中随处可见的各种健身俱乐部表明了"流汗产业"已经越来越壮大了。

但是,俱乐部之间为了争夺会员逐渐打起了价格战,出现了恶性竞争的势头。因为他们提供给顾客的"产品"基本没有什么差别。

怎么比别人多赚些钱呢?一定要做别人没有做的事!

比如,"流汗"+"速食",有的俱乐部已经这样做了。当然,还可以增加诸如"按摩""美容"等项目。

未来,谁又能说健身俱乐部不会成为一个家和工作地点之外的、更好的第三空间呢?

3. 求异性

创新思维在创新活动中,尤其在创新初期阶段,求异性特别明显。它要求关注客观事物的不同性与特殊性,关注现象与本质、形式与内容的不一致性。

一般来说,人们对司空见惯的现象和已有的权威结论怀有盲从和迷信的心理,这种心理使人很难有所发现、有所创新。而求异性思维则不拘泥于常规,不轻信权威,以怀疑和批判的态度对待一切事物和现象。

4. 逆向性

逆向性思维就是有意识地从常规思维的反方向去思考问题的思维方法。如果把传统观念、常规经验、权威言论当作金科玉律,则常常会阻碍我们创新思维活动的展开。因此,面对新的问题或长期解决不了的问题,不要习惯于沿着前辈或自己长期形成的、固有的思路去思考,而应从相反的方向寻找解决问题的办法。

案例 1-12

甲壳虫轿车广告语:"Think small"(想想还是小的好)

想想还是小的好——爱车族对这句甲壳虫轿车的广告语一定不会陌生。

20世纪60年代的美国汽车市场,豪华车大行其道,德国大众公司的甲壳虫轿车根本没有市场。而伯恩巴克创造的这句 Think small(想想还是小的好)广告语(见图1-5),运用广告的力量,改变了美国人的汽车观念,使美国人认识到小型车的优点。

同时，这个创意适时地拯救了大众公司，使甲壳虫轿车迅速打入美国市场，并在很长一段时间内稳执美国汽车市场之牛耳。

图 1-5　大众公司甲壳虫轿车的广告

其实，"Think small"的提出也并不是没有根据的。按当年的背景来说，需要一切从简。当时的人们认为，汽车很大程度上是身份、财富以及地位的象征，所以在1973年世界性的石油危机爆发之前，底特律的汽车制造商们大都强调更长、更大、更流线型、更豪华美观的汽车设计。也正是因为如此，甲壳虫轿车打入美国市场时，以美国的工薪阶层作为自己的目标，迎合了普通工薪阶层的购车需求。

5．综合性

综合性思维是把对事物各个侧面、部分和属性的认识统一为一个整体，从而把握事物的本质和规律的一种思维方法。综合性思维不是把事物各个部分、侧面和属性的认识随意地、主观地拼凑在一起，也不是机械地相加，而是按它们内在的、必然的、本质的联系，把整个事物在思维中再现出来的思维方法。

三、创新思维的要素及条件

1. 创新思维的要素

美国明尼苏达大学教育心理学系主任托伦斯在长期的研究中总结出以下18个创新思维要素：

（1）问题意识。理解所处状况、界定问题，识别核心难点，定义可以解决的子问题。

（2）发现问题。需要独特的角色意识与敏感性，以及一定的前瞻与预见能力。

（3）原创性。避免理解浅薄，突破惯性思维，产生不寻常的回应，选择新颖的视角。

（4）保持开放。避免方案没有酝酿成熟就提前放弃，克服用最简易方法快速完成任务的倾向。

（5）组织与整合。将感知体系中的要素进行新的组合，将不相关的要素组合在一起，将熟悉的变为陌生的，将陌生的变为熟悉的。

（6）关注触觉与听觉。关注肌肉运动的知觉，关注听觉、视觉上的反应。

（7）突破边界。在规则之外思考，改变问题所在的范式或系统，考虑各种替代方案。

（8）突出本质。确定什么是最重要的和绝对必要的，撤除错误的或相关的信息，放弃没有用途的信息，以单一观念或创意为核心，同时整合其他创意。

（9）了解情绪。识别言语和非言语线索，对情绪做出反应，理解情绪并利用情绪更好地理解人物和现状。

（10）通过视觉化来促进想象。用生动、令人激动的图像，产生令五官愉悦的、多彩的、令人兴奋的想象。

（11）换个角度看问题。能够从不同的视觉角度、心理角度和心态来观察事情。

（12）培育与使用幽默。对认知上的不协调做出令人惊喜的反应，对知觉与概念之间的差异进行识别与回顾。

（13）灵活多样。从不同的内容、类别、心智模式和角度来看问题。

（14）适当的情节。添加细节或想法并开发它们，补充可执行的细节。

（15）把创意放置于特定的场景。把经验放在一个更大的框架里，进行有意义的组合，在事物之间建立联系，将情境和创意放在历史背景中加以考虑。

（16）享受和使用幻想。想象与把握那些抽象的不存在的事情。

（17）想象事物的内部状况。注重事物的内在动态变化，描绘事物的内部状况。

（18）未来导向。预测、想象和探索尚不存在的东西，想象事情的可能性，对事件保持开放心态。

2. 创新思维的条件

1）寻找问题，不要等待问题

除了创新精神外，问题意识也是创造者非常重要的一个特征。可以说，任何创新都是基于问题意识的。善于发现问题、寻找问题是创新者的重要能力。

爱因斯坦的问题

空间是什么？时间是什么？这似乎是人人皆知的极为普通的概念，在经典力学中，牛顿早已作了明确说明，可是大物理学家爱因斯坦却寓意深邃地声称："空间、时间是什么，别人很小的时候就已经搞清楚了，我智力发育迟，长大后还没有搞清楚，于是一直揣摩这个问题，结果也就比别人钻研得深入一些。"

正是因为爱因斯坦思索了一般人看起来没有问题的"问题"，才促使他创立了"相对论"学说的时空观。难怪有人说：准确地发现和提出问题就等于问题解决了一半。

培养我们善于发现问题的意识还需要克服人与生俱来的虚荣心理。很多时候，我们不是看不到问题，而是不好意思去"深究"问题，我们会下意识地想："这么简单的问题如果问出来，会不会被认为没有知识，让人笑话呢？"或者还有一些人自认为自己学历很高，懂的知识很多，便不肯屈尊下问，以至于错过了许多创新的时机。

海尔的问题意识

张瑞敏的成功一定意义上是归于他超强的问题意识和如履薄冰的经营理念，并且他成功地把他的"问题意识"变为了全员的"问题意识"，要求每个员工对自己每天做的每件事都进行控制和管理，要"日事日毕，日清日高"，而不能拖延和储藏当天的矛盾和问题。

你们知道海尔的"小小神童及时洗"洗衣机吗？

张瑞敏认为，有淡季就是有问题，也就有市场。遵照张瑞敏消灭淡季的思想原则，海尔洗衣机厂对洗衣机的市场进行了深入的研究。

他们发现：洗衣机厂存在着明显的淡季和旺季。洗衣机的淡季在每年的8～9月份，夏季最热时就是洗衣机销售的淡季。过去厂家在这个季节就把销售人员撤回，等待旺季的到来。但海尔人通过分析发现，夏天人们并不是不需要洗衣机，恰恰是最需要洗衣机的时候，因为夏天人们洗衣服洗得勤。但一般洗衣机容量太大，对于要经常洗小件衣服的夏天来说就不太适用。这难道不是问题吗？应该说是很大的问题！

根据这种情况，海尔人开发出了容量为1.5千克的"小小神童"洗衣机，既满足了消费者夏天洗衣的需求，也消除了洗衣机销售的淡季，产品畅销海内外。

第一章 创新与创新思维

另外,海尔还研制了不用洗衣粉的"小小神童",是海尔综合了不用洗衣粉的"环保双动力"和"小小神童"两大极具市场竞争力的王牌产品创新推出的。不用洗衣粉就可以轻松洗净衣物,"洗净比"比普通用洗衣粉的洗衣机还提高了25%,对各种病菌杀灭率达99.99%,更适合内衣洗涤和夏天衣物洗涤。而且,其外观设计独具匠心,操作更加简单、人性化。

但是,这类成功的企业毕竟太少。究其原因,"问题意识"淡化应该是很重要的原因之一。"企业最可怕的不是差距(问题),而是不知道差距(问题)在哪里。"看不到差距的原因,显然是因为企业缺少一种"问题意识"的氛围。

2) 突破思维框架

案例 1-15

一段经典对白

乌龟:是的,看着这棵树,我不能让树为我开花,也不能让它提前结果。

师傅:但有些事情我们可以控制。我可以控制果实何时坠落,还可以控制在何处播种,那可不是幻觉,大师。

乌龟:是啊,不过无论你做了什么,那个种子还是会长成桃树。你可能想要苹果或桔子,可你只能得到桃子,那个种子还是会长成桃树。

师傅:可桃子不能打败太郎。

乌龟:也许它可以的,如果你愿意引导它、滋养它、相信它。

以上的对话出自曾风靡一时的《功夫熊猫》这部影片。影片中的那句话:"你的思想就如同水,我的朋友,当水波摇曳时,很难看清,不过当它平静下来,答案就清澈见底了。"大家还能记忆犹新的是,在《功夫熊猫》热映的时候,许多人都感叹,为什么美国人能制作出这样的片子而我们就不能呢!

究其原因,不是别的,是因为我们的思维被无形的"框框"框住了。功夫和熊猫都是咱们国宝级的东西,但是在国人的思想中,这两件东西是风马牛不相及的,甚至是两极的代表。功夫是很"硬"、很"刚"的典型,而熊猫则是很"软"、很"弱"的象征,他们之间怎么可能联系在一起呢?但美国人没有这样的"框框",在他们看来,功夫是中国的,熊猫也是中国的,都很厉害,放在一起就行。

小练习:

请对下面这道题目进行练习!这是一道很典型的突破思维框架的练习。

一个由9个等距离的点组成的正方形,要求一笔画下来,用4条直线把9个点全部都连起来(笔不能离开纸面)。请现在开始练习吧!

3）勤于用脑,有随机应变的灵活性

思维的灵活性又称为思维的变通性,特指那种随机应变、举一反三、触类旁通的思考能力。

思维具有灵活性的人,不易受思维定势和事物现状的束缚,常常能提出不同凡响的新思路。这样的人善于组织多方面的信息,善于灵活运用已经拥有的知识和证据,并能根据事物变化的具体情况,及时调整自己的思想和看法,从而提出各种不同的观点、假设、方法或方案。

书 法 变 通

于右任先生书法出众,大家经常向他索字,结果影响了他的工作,于先生便不肯为人写字。他的一个老友多次苦求,于先生实难拒绝,就为他写了"不可随处小便"6字,认为老友也无法将这几个字挂起来。数日后,老友把裱好的字拿来给于先生看,已经变成"小处不可随便"这样一句格言,于先生很佩服老友的变通思维。

4）善于积累信息,并有适时调用信息的本领

一个好的创新者一定是一个非常重视收集信息的人。这不仅仅是因为有价值的创意必定要以大量的信息作基础,还因为了解信息才能了解你的创新领域的进展情况,以避免出现以下情况:费了很大力气才研究出来的东西,但前人或他人早已有了结果。我国在这方面曾有过很多教训。

好的创新者一定会对信息很敏锐,换句话说,他们能及时地从网上或者现实中捕捉到对自己有用的信息,并将其记录下来,以供随时调用。

放松体验训练

（1）训练目的:体验轻松愉快的感觉,促进大脑活跃。

(2)训练步骤:

自然放松:坐在椅子上,双手自然放置,双肩自然下垂,闭上双眼,慢慢放松肌肉。

深呼吸:运用胸腹式呼吸方式,均匀吸气至最大量,再均匀呼气。呼吸时要掌握好12秒的节奏,即用4秒吸气,然后用8秒将气息缓缓呼出。连续深呼吸3分钟。

呼吸过程中想象一些心情愉悦的情境,如:想象自己是一只小鸟,在蔚蓝的天空中自在翱翔;或是一条鱼,在无边无际的大海里与海豚一起漫游……

按照创新的含义,你是否可以举几个创新的例子?请把它们写在下面吧!

第二章　突破思维定式

(1) 知识目标:理解思维定式及其作用,了解常见思维定式的存在形式。
(2) 技能目标:学会运用突破思维定式的方法。
(3) 体验目标:体验在创新过程中思维定式的局限性,感受突破思维定式在生活中的重要性。

人的思维是一种复杂的心理现象,是人脑对客观现实间接的、概括的反映,是认识的高级形式。它反映的是客观事物的本质属性和规律性的联系。

人的思维活动往往是基于经验的。儿童由于没有太多的经验束缚,思维具有广阔的自由空间,儿童的想象力是丰富的、天真的,甚至是可笑的。而随着年龄的增长、阅历的增加,就会逐渐形成对事物固化的印象,对司空见惯的事物就凭以往的经验去判断,这可以使人们从容面对日常生活中绝大多数事情,但由于很少去积极思考,反而形成了创新的障碍。

推　销　鞋

制鞋公司先后派两个推销员到一个岛屿上推销鞋。第一个推销员到岛上之后,发现这个岛上的每个人都是赤脚,他们根本就没有穿鞋的习惯。于是他非常生气:没有穿鞋的人,怎么推销鞋? 他气馁了,马上发电报回去:鞋不要运来了,这个岛上没有销路,因为每个人都不穿鞋。

第二个推销员来了,看到这个岛上的人都不穿鞋。他欣喜若狂:不得了了,这个岛上鞋的销售市场太大了,每个人都没有穿鞋啊,要是一个人穿一双鞋,那要销出多少双鞋啊! 他马上发电报给公司,让公司赶快空运一些鞋过来。

同样一个问题,每个人都有自己不同的看法,采用不同的思维方式得出的结论、取得的成果大相径庭:第一个推销员按照固定的、旧有的思维方式思考和处理问题,由于没人穿鞋,鞋子自然就没有销路;而第二个推销员认为,如果让不穿鞋的人都穿上鞋,那将是多大的市场,这就是采取了创新性思维。

第一节 思维定式的内涵

一、什么是思维定式

思维是一种复杂的心理现象,是人脑的一项重要能力。可是,人的思维一旦沿着一定方向,按照一定次序思考,久而久之,就会形成一种惯性。比如,当你这次这样解决了一个问题,下次遇到类似的问题,还是不由自主沿着上次思考的方向或次序去解决,我们一般把这种惯性称为"经验"。当这种"经验"被反复使用且获得了预期成效时,这种"经验"就上升为非常固定的思维模式。这种思维模式一旦形成,我们在处理现实问题时,就会不假思索地沿着特定的思维路径,将其纳入特定的思维框架进行思考和判断,这就是思维定式。

思维定式与传统观念或固定观念不同,虽然观念也会形成定式,但这里所说的定式则更多地来自以往思维过程形成的习惯。观念是对认识的内容的积淀,而定式则是对认识的形式、方法的积淀。思维定式本质上就是思维习惯。

思维定式对于解决经验范围以内的常规性问题是有用的,它可以使我们的思维驾轻就熟,简捷、快速地对问题做出反应。但是它们对于创造性地解决问题,却是一种障碍。它使人们局限于某种固定的反应倾向,跳不出框框、打不开思路,从而限制了人们的创新思考。

小练习:
请将下面的圆分成大小和形状相同的 8 等份,方法越多越好。

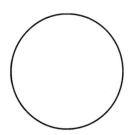

能够把人限制住的,只有自己

美国科普作家阿西莫夫曾经讲过一个关于自己的故事。

阿西莫夫从小就聪明,年轻时多次参加"智商测试",得分总在 160 左右,属于"天赋极高者"之列,他一直为此而扬扬得意。有一次,他遇到一名汽车修理工,是他的老熟人。修理工对阿西莫夫说:"嗨,博士! 我来考考你的智力,出一道思考题,看你能不能回答正确。"

阿西莫夫点头同意。修理工便开始说思考题:"有一位既聋又哑的人,想买几根钉子,来到五金商店,对售货员做了这样一个手势:左手两个指头立在柜台上,右手握拳头做出敲击的样子。售货员见状,先给他拿来一把锤子;聋哑人摇摇头,指了指立着的那两根指头。于是售货员就明白了,聋哑人想买的是钉子。聋哑人买好钉子,刚走出商店,接着进来一位盲人。这位盲人想买一把剪刀,请问:盲人将会怎样做?"

阿西莫夫顺口答道:"盲人肯定会这样。"说着,他伸出食指和中指,做出剪刀的形状。

汽车修理工一听笑了:"哈哈,你答错了吧! 盲人想买剪刀,只需要开口说'我要买剪刀'就行了,他干吗要做手势呀?"

智商160的阿西莫夫,这时不得不承认自己确实是个"笨蛋"。而那名汽车修理工却"得理不饶人",用教训的口吻说:"在考你之前,我就料定你肯定要答错,因为,你所受的教育太多了,不可能很聪明。"

实际上,修理工所说的受教育多与不可能聪明之间的关系,并不是因为学的知识多了人反而会变笨,而是因为人的知识和经验多了,会在头脑中形成较多的思维定式。这种思维定式会束缚人的思维,使思维按照固有的路径展开。

人们在一定的环境中工作和生活,久而久之就会形成一种固定的思维模式,使人们习惯于从固定的角度来观察、思考事物,以固定的方式来接受事物。

有这样一个问题,一位公安局长在路边同一位老人谈话,这时跑过来一个小孩,急促地对公安局长说:"你爸爸和我爸爸吵起来了!"老人问:"这孩子是你什么人?"公安局长说:"是我儿子"。请你回答:这两个吵架的人和公安局长是什么关系?

这一问题,在100名被测试人员中只有两人答对。后来对一个三口之家提问时,父母没答对,孩子却很快答了出来:"局长是个女的,吵架的一个是局长的丈夫,即孩子的爸爸;另一个是局长的爸爸,即孩子的外公"。

为什么那么多成年人对如此简单的问题的解答反而不如孩子呢? 这就是定式效应:按照成人的经验,公安局长应该是男的,从男局长这个心理定式去推想,自然找不到答案;而小孩子没有这方面的经验,也就没有心理定式的限制,因而一下子就找到了正确答案。

能够把人限制住的,只有自己。人的思维空间是无限的,有亿万种可能的变化。也许我们正被困在一个看似走投无路的境地,也许我们正围于一种两难选择之间,这时一定要明白,这种境遇只是因为我们固执的思维定式所致,只要勇于重新考虑,一定能够找到不止一条出路。

二、思维定式的两面性

思维定式是人们按经验与思维习惯去用比较固定的思路与程序去考虑问题、分析问题。同时,思维定式并不是一无是处,思维定式有积极的一面,而我们常说的思维定式消极的一面,指的是它对思维创新的束缚。

(一)积极的思维定式

思维定式是一种惯常处理问题的思维方式,同时也是我们长期学习和实践积累下来的经验,应用思维定式常常可以省去许多思考摸索、试探的时间,从而提高工作和生活效率。在日常生活中,思维定式可以帮助我们解决遇到的大部分问题。这是思维定式积极的一面。

(二)消极的思维定式

对创造性地解决问题、创新性思维来说,思维定式具有较大的负面影响。一个问题之所以要运用创造性的办法解决,一般是因为问题出现的环境、发生的条件产生了变化。此时如果墨守成规、生搬硬套过去旧有的经验所形成的思维定式,往往不能够很好地解决问题,这是思维定式消极的一面。

有笼必有鸟

一位心理学家曾和乔打赌说:"如果给你一个鸟笼,并挂在你房中,那么你就一定会买一只鸟。"乔同意打赌。因此心理学家就买了一个非常漂亮的瑞士鸟笼给他,乔把鸟笼挂在起居室桌子边。结果大家可想而知,当人们走进来时就问:"乔,你的鸟什么时候死了?"乔立刻回答:"我从未养过一只鸟。""那么,你要一只鸟笼干吗?"乔无法解释。

后来,只要有人来乔的房子,就会问同样的问题。乔的心情因此被扰得很烦躁,为了不再让人们询问,乔干脆买了一只鸟装进空鸟笼里。

心理学家后来说,去买一只鸟比解释为什么他有一只鸟笼要简便得多。人们经常是首先在自己头脑中挂上鸟笼,最后就不得不在鸟笼中装上些什么东西。

三、思维定式的顽固性

思维定式是人们通过不断学习和实践积累下来的经验,形成了自己独有的对世界、对客观规律的认识。所以,一旦思维定式建立,就具有极强的顽固性。

思维定式有其积极的一面,所以在用以往经验、惯常的思维定式去解决问题时,人们往往意识不到是因为自己头脑中的思维定式阻碍了创造性解决办法的挖掘。同时,因为个人的自尊、自我验证等心理效应,也使人们难以及时认识到自己的思维模式出了问题。

所以,当我们了解了思维定式的顽固性以后,就既要在实际的工作中善于总结经验,形成自己做事的风格与套路,同时对于思维定式的消极性要保持警惕,在日常生活中要注意开阔眼界,多反思自己。必须说明的一点是,经科学家研究,一个人最有创造力的年纪,并不是成年以后,而是未成年时期。所以,对年轻学生来说,应该有更强的创新思维,应该有更强的好奇心与探索精神。

四、思维定式的作用

思维定式是一种按常规处理问题的思维方式。在条件不变时,能迅速地感知现实环境中的事物并做出正确的反应,可促进人们更好地适应环境。但思维定式不利于创新思考,不能适应变化的条件,不利于创造。

(一)思维定式的积极作用

在解决问题的过程中,思维定式的作用是根据面临的问题联想起已经解决的类似问题,将新问题的特征与旧问题的特征进行比较,抓住新旧问题的共同特征,将已有的知识和经验与当前问题建立联系,利用处理过类似旧问题的知识和经验处理新问题,或把新问题转化成一个已解决的熟悉的问题,从而为新问题的解决做好积极的心理准备。

思维定式可以省去许多摸索、试探的步骤,缩短思考时间,提高效率。在日常生活中,思维定式可以帮助我们解决每天碰到的90%以上的问题。具体地说,思维定式主要通过定向来解决问题。

(1)定向是成功解决问题的前提。解决问题总要有一个明确的方向和清晰的目标,否则,将会陷入盲目的境地。

(2)定向是实现目标的手段。广义的方法泛指一切用来解决问题的工具,也包括解决问题所用的知识;不同类型的问题总有相应的常规的或特殊的解决方法。定向方法能使我们对症下药,它是思维定式的核心。

(3)定向是过程实施的规范。定向解决问题是一个有目的、有计划的活动,必须有步骤地进行,并遵守规范化的要求。

(二)思维定式的消极作用

思维定式对问题解决既有积极的一面,也有消极的一面。它容易使我们产生思想上的惰性,养成一种呆板、机械、千篇一律的解题习惯。当新旧问题形似质异时,思维惯性往往会使解题者步入误区。

大量事例表明,思维定式确实对问题解决具有较大的负面影响。当一个问题的条件发生质的变化时,思维定式会使解题者墨守成规,难以涌出新思维,做出新决策,造成知识和经验的负迁移。

根据唯物辩证法观点,不同的事物之间既有相似性,又有差异性。思维定式所强调的是事物间的相似性和不变性。在问题解决过程中,它是一种以不变应万变的思维策略。所以,当新问题相对于旧问题,相似性占主导地位时,由旧问题的求解所形成的思维定式往往有助于新问题的解决。而当新问题相对于旧问题,差异性占主导地位时,由旧问题的求解所形成的思维定式则往往有碍新问题的解决。

从思维过程的大脑皮层活动情况看,思维定式的影响是一种习惯性的神经联系,即以前的思维活动对以后的思维活动有指引性的影响。所以,当两次思维活动属于同类性质时,以前的思维活动会对以后思维活动起正确的引导作用,当两次思维活动属于异类性质时,则会产生错误的引导作用。

第二节 常见的思维定式

思维定式表现为多种多样的形式。我们之所以将其归纳为不同的类型,并不是为了对思维定式进行准确的分类描述,而是为了了解在哪些方面容易产生定式的思维,以便更好地克服它。

一、经验型思维定式

经验是通过长时间的实践活动所取得和积累的、在实践中获得的主观体验和感受,是通过感官对个别事物的表面现象、外部联系的认识,是理性认识的基础,在人类的认识与实践中发挥着重要作用。但经验并未充分反映出事物发展的本质和规律。经验型思维定式是指人们处理问题时按照以往的经验思维惯性,墨守成规,缺乏创新能力。我们要把经验与经验型思维定式区分开来,破除经验型思维定式,提高思维灵活变通的能力。

被经验淹死的驴子

一头驴子背盐渡河,在河边滑了一跤,跌在水里,背上的盐溶化了。驴子站起来时,感到身体轻松了许多。驴子非常高兴,获得了经验。后来有一回,它背了棉花,以为再跌倒,可以同上次一样变得轻松,于是走到河边的时候,便故意跌倒在水中。可是棉花吸收了水变得更重了,驴子非但不能再站起来,反而一直向下沉,直到淹死。

二、权威型思维定式

权威型思维定式是指人们对权威人士的言行的一种不自觉的认同和盲从。在遇到问题时不假思索地以权威的是非为是非,一旦发现与权威相违背的观点,就认为是错的,这就是权威型思维定式。权威型思维定式,一般分为教育权威和专业权威,教育权威是人们在学校教育中形成的权威,另一种是由于社会分工不同和知识技能方面差异所导致的专业权威。

在科学研究中,要区分权威与权威定式,破除权威型思维定式,坚持"实践是检验真理的唯一标准"。

伽利略的比萨斜塔实验

古希腊哲学家亚里士多德(公元前384—公元前322年)认为物体的下落速度和重量成正比,物体越重,下落的速度越快。千百年来这被当成不可怀疑的真理。但是年轻的伽利略(1564—1642年)通过推演和实验,验证了这是不正确的,于是伽利略要推翻这个所谓的"真理"。

在伽利略生活的时代,亚里士多德关于大千世界运行原理的学问叫"亚里士多德物理学",是神圣不可侵犯的经典。其中就有这样一条落体运动法则:每个物体在每种介质中都有一个自然下落速度,在同一种介质中,物体的下落速度与它的重量成正比,物体越重下落的速度越快。伽利略据此设想,有一重一轻两个球,重球的下落速度将比轻球快。再设想把这两个球绑在一起,速度慢的轻球会拖慢速度快的重球,因此它们一起下落的速度应介于它们各自下落的速度之间。但是两球合在一起的重量大于重球,它们一起下落的速度又应该比它们各自下落的速度都快。这样就出现了自相矛盾,因此亚里士多德的落体运动法则是不能成立的。最后伽利略在比萨斜塔上当众实验,扔下了一重一轻两个球。在众人的惊呼声中,两个球同时落地。千年的经典和教条被推翻了,一条新的科学定律——自由落体定律被发现了。

三、从众型思维定式

从众型思维定式是人们不假思索地盲从众人的认知与行为的思维。从众型思维定式产生的原因,或是屈服于群体的压力,或是认为随波逐流没错。

从众型思维定式的一种典型表现是群体思维。群体思维是群体决策中的一种现象,是群体决策中一个非常普遍的概念,是指群体出于从众的压力使群体对不寻常的、少数人的或不受欢迎的观点得不出客观的评价,即当人们对于求一致的需要超过了合理评价备选方案的需要时所表现出来的思维模式。群体思维理论的创始人詹尼斯是这样对其进行界定的:群体思维是这么一种思维方式,当人们深涉于一个内聚的小团体中,而且其成员为追求达成一致而不再尝试现实地评估其他可以替换的行动方案时,他们就会坠入这一种思维方式。

"剧毒"的番茄

番茄(西红柿)是一种广为人知的蔬菜。1983年,中国考古工作者在成都凤凰山的一座汉代古墓中发现了番茄种子,这说明中国在2000多年以前已栽培过番茄。但在18世纪以前,人们一直把它当作有毒的果子,称之为"狼桃",只用来观赏,无人敢食。直到18世纪,一位法国画家冒险吃了番茄,才知道了它的食用价值。相传,当时这位法国画家看到番茄如此诱人,便萌生了尝尝它到底是什么滋味的念头。于是他冒着中毒致死的危险,壮着胆子吃下了一个,并穿好衣服躺在床上等待死神的降临,然而过了老半天也未感到身体有什么不适,便索性接着再吃,只觉得有一种酸甜的味道,身体依旧安然无恙。当时,番茄无毒的新闻震动了西方,并迅速传遍了世界。番茄含有丰富的胡萝卜素、维生素C和B族维生素,尤其是维生素C含量居蔬菜之首,而且,番茄还是防癌食品。现在它已是人们餐桌上的美味。

四、书本思维定式

书本思维定式指人们对书本知识的完全认同与盲从。当然,书本对人类所起的积极作用是显而易见的,但是,书本知识往往受作者的知识、经验、观点的局限。许多书本知识是有时效性的。所有的书本知识都是"过去时",事物却在不断发展,人类的认知在不断进步。书本知识还需要与实际应用的具体情况相结合,因势利导,具体问题具体分析。

到目前为止,读书仍然是获得前人宝贵的间接经验的最佳方法。但是从另外一个角度来说,书本知识是经过头脑的思维加工、抽象、选取之后所形成的理论,它往往表示一种理想的状态。而且书本知识的形成和作者所处的历史、时代条件、观念都有着直接的关系。我们学习前人的间接经验,要采取具体问题具体分析的方法,而不能盲从和迷信书本,甚至是成为书本和知识的奴隶。所以孟子说,尽信书,则不如无书。

纸 上 谈 兵

战国时期,赵国大将赵奢曾以少胜多,大败入侵的秦军,被赵惠文王提拔为上卿。他有一个儿子叫赵括,从小熟读兵书,张口爱谈军事,别人往往说不过他。因此他很骄傲,自以为天下无敌。然而赵奢却很替他担忧,认为他不过是纸上谈兵,并且说:"将来赵国不用他为将也就罢了,如果用他为将,他一定会使赵军遭受失败。"果然,公元前259年,秦军又来犯,赵军在长平(今山西高平附近)坚持抗敌。那时赵奢已经去世,廉颇负责指挥全军,他年纪虽高,打仗仍然很有办法,使得秦军无法取胜。秦国知道拖下去于己不利,就施行了反间计,派人到赵国散布"秦军最害怕赵奢的儿子赵括将军"的话。赵王上当受骗,派赵括替代了廉颇。赵括自认为很会打仗,死搬兵书上的条文,到长平后完全改变了廉颇的作战方案,结果四十多万赵军尽被歼灭,他自己也被秦军射箭身亡。

第三节 如何突破思维定式

小象嘟嘟的故事

动物园里的小象嘟嘟被一条小铁链牢牢地拴在一根小小的水泥柱上。它将尾巴摇来摇去,将头摆来摆去,将四只脚踱来踱去,可是就想不起到外面看看那精彩的世界。

是它没有能力挣脱那根铁链吗?不是,它完全有这个力气。只要一使劲,别说那根小铁链,就是那根水泥柱也可以连根拔下来。但是小象嘟嘟没有这个想法,它每天依旧在水泥柱旁边吃动物园管理人员送来的青草和香蕉。它十分满意自己在局促的小天地里的生活。

是不是小象嘟嘟从来就没有走出去看看的想法呢?也不是,它曾经想过,不过是在它小的时候,那时它还是一头小小象。它对世界充满了好奇心,非常渴望到热闹的猴山、虎山旁边乐一乐。于是它使劲地想挣脱那根铁链的束缚。不行,它失败了。隔了不到一个星期,外面的热闹劲又使它按捺不住心情的激动。于是它再次企图挣脱铁链,可还是不行,它又失败了。

"不行,我是没有能力挣脱那根铁链的。"两次失败,给小象嘟嘟以强烈的印象。这印象深入它的脑海之中,以至成为一种深深的烙印:我是挣脱不开那根铁链的。就这样,小象嘟嘟一天天长大、变老。小象嘟嘟从来没有离开过象馆的局促天地。它反而认为:我的能力就是这样低,我只配享受这么一块天地,我只配这么过一生。

半 杯 水

著名的美国汽车大王亨利·福特十分重视对员工创新思维的开发,他经常会出一些小问题来考问员工。在一次会议上,他突然举起桌上的半杯水,问在座的员工:"你们看这杯水,从中得出什么结论?"

马上有人回答:"水已经被喝了一半了,杯子空了一半。"

另外一个人答道:"杯子里还有一半的水可以喝。"亨利·福特听后,对大家说道:"你们说的都对,但我的思维方式和你们不同。"看到大家都不明白,他接着说:"我看到的是,这个杯子的容积是水的两倍。这说明了什么?说明装这半杯水,只要用容积是这个杯子容积一半大小的杯子就够了。"

亨利·福特认为,用一个大杯子来做一个小杯子能做到的事,这是对资源的浪费。通过这个小小的问题,他不仅告诉了员工节约资源的重要性,而且启发了大家要换一个方向来思考问题,这样才能打破思维的常规习惯,创造不同的价值。

生物学家贝尔纳说:"妨碍人们创新的最大障碍,并不是未知的东西,而是已知的东西。"因此,要想挖掘无穷的创新能力,必须跳出思维定式的框框,开阔视野与思路。

思维定式适合用在人们遇到同类或相似问题的时候,但对于创造性思维来说却是十分不利的,因为它会让人的思维活动逐渐变为一种既定的方向和模式,形成思维惯性,逐渐成为一种本能反应,使人的创造性思维受到束缚。

对于创新者来说,突破思维定式是十分重要的。我们在思考问题时,可以从以下六个方面来打破常规的思维模式。

(1) 这个问题还能用其他方式表示吗?
(2) 可以将问题颠倒过来看看。
(3) 能不能用另外一个问题替换目前的问题?
(4) 将自己的思考方向转换一下。
(5) 将思考问题时脑中出现的想法记录下来,并认真分析。
(6) 把复杂的问题转化为简单的问题。

一、挑战定式,走向创新

思维定式是一个人受到的教育、人生的际遇、周围人的影响等综合因素作用形成的。如果你想培养创新思维、打破思维定式,首先就必须有挑战思维定式的勇气与自信。就像上面案例中的小象嘟嘟,从小就被铁链束缚和禁锢在原地,带来的后果就是虽然它知道外面的世界很精彩、很广阔,但是它已经没有冲出牢笼、解放自己的想法。因为它认为自己没有这样的能力(虽然它具备)。古人说,哀莫大于心死。所以,当你打算训练自己的创新思维时,打算通过创新达到更高的人生目标时,你首先应该有这样的自信与勇气:我有能力通过努力挣脱束缚,实现目标。

奥斯本的成长经历

每个人都拥有巨大的潜能,开发好了,任何一个人都会有大的作为。美国著名的创造工程学家奥斯本21岁那年失业了。一天,他到一家广告公司应聘,考官问:"你从事写作有多少年?"奥斯本直言相告:"只有三个月,但是请你先看一看我所写的文章吧。"考官看完后说:"从你的文章中看出,你既无写作经验,又缺乏写作技巧,文句也不够通顺;但内容却富有创造性,暂时录用,试一试。"奥斯本从考官的评语中,深刻领略和体会到"创造性"三个字的极端重要性。参加工作以后,他强迫自己奉行"每日一创新"的精神,积极主动地开发自己潜藏于脑海中的创造力,并尽最大的努力在工作中发挥出来。

这个从未受过高等教育的奥斯本,由于从事各种工作都"极有创意",很快就从一个小职员发展为企业家,并写出了著名的《思考的方法》一书,成为当代创造工程的奠基人之一。奥斯本的个人经历充分说明,即便是个没有受过多少教育的人,只要能充分发掘潜藏的创造力,也能获得成功。

二、质疑权威与书本

在多数情况下,人们按照权威和书本的意见办事总能得到预想中的成功,如果不慎违反了权威的意见,违反了书本中的理论,总要招致或大或小的失败。如此,久而久之,人们便习惯了以权威和书本的是非为是非,总是想当然地认为,权威和书本不可能出错,于是在大家的思维模式当中,权威和书本就形成了一道难以逾越的思维屏障。

显然,从创新思维的角度来说,这种思维屏障就是对推陈出新的阻碍与束缚。由此,我们就需要对权威和书本保持质疑的精神,勇敢地以质疑和批评的态度对待权威和书本的绝对正确性,而不是盲从。

三、大胆探索,勇于尝试

思维定式的重要特点之一就是它的单一性,甚至是排他性,而事物的发展总是丰富多彩的,要解决问题,多方位的探索,甚至是大胆的推测,都会有助于打破思维定式。

四、思维定式与创新思维对立统一

创新思维是相对于人们日常使用的习常性思维而言的,习常性思维是人们针对常规性问题进行的思维。而我们在日常生活中,反复应用习常性思维,则容易形成固定模式和套路以提高效率、节约时间。创新思维是人们在创新活动中应用的思维,它是通过创造性地解决问题来标志自己的。创新思维的结果,一定是对现有的模式、方法、观念的一种突破和超越,所以有既定的模式和套路的思维定式,会对这种突破、会对创造性地解决问题形成障碍和束缚,这是创新思维和思维定式之间对立的一面。但是大家必须看到:创新思维是在前人总结出来的知识经验、观念和方法的基础上建立起来并取得成果的,没有前人的知识、经验模式和程序,人们是不可能创新的,这是创新思维与思维定式之间相统一的一面。

上帝想改变一个乞丐的命运,就化作一个老翁来点化他。他问乞丐:"假如我给你 1000 元钱,你打算怎么用它?"乞丐回答:"好啊,我可以买一部手机,可以和各个城市的乞丐联系呀!哪里人多我就去哪里乞讨。"上帝很失望,又问他:"假如我给你 10 万元呢?"乞丐说:"那我可以买一部车。这样我以后再出来乞讨就方便了,再远的地方也可以迅速赶到。"上帝感到悲哀,他狠了狠心说:"假如我给你 1000 万元呢?"乞丐听罢,眼里闪着亮光,说:"太好了,我可以把这个城市最繁华的地区全买下来!"上帝听后挺高兴。这时乞丐突然补充了一句:"到那时,我可以把我领地里的其他乞丐都撵走,不让他们抢我的饭碗。"

请你谈一下看完上面这个小故事的想法。

(1) 一个做梳子的工厂旁边紧挨着一个佛教寺庙,梳子工厂的厂长想要把自己工厂的梳子推销给和尚,你觉得可能吗?你有什么思路能够帮助他?请把你的答案写下来。

(2) 什么是思维定式?试举你曾经经历过的思维定式影响思考的事例。

(3) 什么是思维定式的两面性?试举例说明。

第二篇
DI'ERPIAN

创新思维方法

第三章　发散思维与收敛思维

(1) 知识目标:了解发散思维及收敛思维的含义、特点、作用。
(2) 技能目标:掌握提升发散思维能力和收敛思维能力的方法。
(3) 体验目标:由不去想、不会想、想不到到积极想。

第一节　发　散　思　维

创新能力的核心是创造性思维,而发散思维是创造性思维方向性的指南针,是创造性思维的起点。在解决问题的过程中,人的思维常常表现出沿着许多不同的方向扩展,即"发散"的特征,使观念发散到各个有关方面,最终产生多种可能的答案而不是唯一的正确的答案,因而容易产生有创见的新颖观念。

微型电冰箱的发明

很长时期以来,电冰箱市场一直为美国人所垄断,几乎每个家庭都有。这种高度成熟的产品竞争激烈,利润率很低,美国的厂商显得束手无策,而日本人却异军突起,发明创造了微型冰箱。人们发现电冰箱除了可以在办公室、家里使用外,还可安装在野营车、娱乐车上,使得全家人外出旅游的舒适度大大提高。

微型电冰箱与家用电冰箱在工作原理上没有区别,其差别只是产品所处的环境不同。日本人把电冰箱的使用方向由家居转换到了办公室、汽车等其他侧翼方向,有意识地改变了产品的使用环境,引导和开发了人们潜在的消费需求,从而达到了创造需求、开发新市场的目的。

微型电冰箱的成功主要归功于人们思维方式的发散。通过发散思维,想出了电冰箱所有可能的使用环境,最终发明了微型电冰箱。微型电冰箱改变了一些人的生活方式,也改变了它进入市场初期默默无闻的命运。

一、发散思维的含义

发散思维,又称辐射思维、放射思维、扩散思维或求异思维,是指大脑在思维时呈现的一种扩散状态的思维模式,即从一个目标或思维起点出发,沿着不同方向,顺应各个角度,提出各种设想,寻找各种途径,从而解决具体问题的思维方法。它表现为思维视野广阔,思维呈现出多维发散状态,如一题多解、一事多写、一物多用等方式。

心理学家认为,发散思维是创造性思维最主要的特点,是测定创新能力的主要标准之一。与人的创造力密切相关的是发散性思维能力及其转换的因素。

传统思维是基于知识与思维经验对思维对象进行逻辑判断的思考方式。而在创新活动中,人脑通过发散思维突破传统线性思维,向其他象限和维度扩散开来,思维的触角延伸向四面八方,随时接受任何灵感的触动。例如,"水"的发散思维,如图3-1所示。

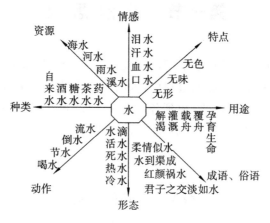

图3-1 "水"的发散思维

一支铅笔的用途

纽约里士满区有一所贝纳特牧师在经济大萧条时期创办的穷人学校。1983年,一位名叫普热罗夫的捷克籍法学博士,在做论文时发现,五十年来,该校出来的学生犯罪记录最少。

为延长在美国的居住期,他突发奇想,上书纽约市长要求得到一笔市长基金,以便对这一课题深入开展调查。普热罗夫展开了调查。凡是在该校学习和工作过的人,他都要给他们寄去一份调查表,问:贝纳特学院教会了你什么?在将近6年的时间里,他共收到3756份答卷。在这些答卷中有74%的人回答,他们知道了一支铅笔有多少种用途。

普热罗夫首先走访了纽约市最大的一家皮货商店的老板,老板说:"是的,贝纳特牧师教会了我们一支铅笔有多少种用途。我们入学的第一篇作文就是这个题目。当初,我认为铅笔只有一种用途,那就是写字。谁知铅笔不仅能用来写字,必要时还能用来作尺子画线,还能作为礼品送人表示友爱;能当商品出售获得利润;铅笔的芯磨成粉后可作润滑粉;演出时也可临时用于化妆;削下的木屑可以做成装饰画;一支铅笔按相等的比例锯成若干份,可以做成一副象棋,可以当作玩具的轮子;在野外有险情时,铅笔抽掉芯还能被当作吸管喝石缝中的水;在遇到坏人时,削尖的铅笔还能作为自卫的武器……总之,一支铅笔有无数种用途。贝纳特牧师让我们这些穷人的孩子明白,有着眼睛、鼻子、耳朵、大脑和手脚的人更是有无数种用途,并且任何一种用途都足以使我们生存下去。我原来是个电车司机,后来失业了。现在,你看,我是一位皮货商。"

普热罗夫后来又采访了一些贝纳特学院毕业的学生,发现无论贵贱,他们都有一份工作,并且都生活得非常乐观。而且,他们都能说出一支铅笔的至少20种用途。

调查一结束,普热罗夫就放弃了在美国寻找律师工作的想法,后来成为捷克最大的一家网络公司的总裁。

发散思维是根据已有的某一点信息,运用已有的知识、经验,通过推测、想象,沿着各种不同的方向去思考,重组记忆中的信息和眼前的信息,从多方面寻找问题答案的思维方式。这种思维方式最根本的特色是多方面、多思路地思考问题,而不是限于一种思路、一个角度、一条路走到黑。对于发散思维来说,当一种方法、一个角度不能解决问题时,它会主动否定这一方法、角度,而向另一方法、另一角度跨越。它不满足于已有的思维成果,力图向新的方法、领域探索,并力图在各种方法、角度中,寻找一种更好的方法、角度。如风筝的用途可以"辐射"出:放到空中去玩,测量风向,传递军事情报,作联络暗号,当射击靶子等。类似的例子在科学史和实践史上数不胜数。

发散思维体现了思维的开放性、创造性,是事物的普遍联系在头脑中的反映。

发散思维的客观依据是,由于事物的内部及其所处客观环境的复杂性,事物的发展往往不是单一的可能性,而是多种可能性,其中的每一种可能性都可以作为一个解决问题的依据。事物是相互联系的,是多方面关系的总和,我们应从多个方面、多个角度去认识事物,向四面八方发散出去,从而寻找更多、更好的解决问题的方法。发散思维是创造性思维中最基本、最普通的方式,它广泛存在于人的创造活动中。

二、发散思维的特点

发散思维具有流畅性、变通性、独特性、多感官性的特点。创新思维的关键在于如何进行发散。有人认为,科学家的创造能力与他的发散思维能力成正比,并且可以用"创造能力=知识量×发散思维能力"这一公式来表示。

1. 流畅性

流畅性是指短时间内就任意给定的发散源,选出较多的观念和方案,对提出的问题反应敏捷,表达流畅。机智与流畅性密切相关。流畅性反映的是发散思维的速度特征。目前我们课堂教学往往注重的是收敛性思维的培养和训练,缺乏的恰恰是那种能充分发挥学生的主动性和创造性的发散性思维训练,应该让学生追求多种答案。法国哲学家查提尔说:"当你只有一个点子时,这个点子再危险不过了。"美国的罗杰博士说:"习于寻求单一正确答案,会严重影响我们面对问题和思考问题的方式。"

曾有人请教爱因斯坦,他与普通人的区别何在。爱因斯坦答道:如果让一位普通人在一个干草垛里寻找一根针,那个人在找到一根针之后就会停下来;而他则会把整个草垛掀开,把可能散落在草里的针全都找出来。爱因斯坦在科学领域之所以能够取得那么大的成就,就是因为他在科学研究的过程中,不会找到一个方法后就停下来,而是不断地想出更多的方法,找到解决问题的方案,这充分体现了发散思维的流畅性。

龟兔赛跑

兔子和乌龟是一对老冤家。有一天,兔子又遇见了乌龟,兔子说:"笨乌龟,两天之后我们再比一场,奖杯由老虎大王颁发。"乌龟爽快地答应了。

第一天,兔子在拼命地练习跑步。第二天,兔子还在拼命地练习跑步。到了比赛那天,兔子早早地来到了比赛场地。

过了好久,乌龟才来到比赛场地。一声哨响,兔子就飞快地向前跑去,这次它吸取上次比赛的教训,没有睡觉。当兔子跑了一半的时候,来了一辆"保时捷"跑车,乌龟搭上了车,不一会儿就超越了兔子。聪明的乌龟又成了赢家,兔子的眼睛都急得红了,连身上的毛也一下子白了。

龟兔赛跑中,兔子输的原因有很多种,你能想到哪几种?

2. 变通性

变通性是指思维能触类旁通、随机应变,不受消极思维定式影响,能够提出类别较多的新概念,能够举一反三,提出不同凡响的新观念、解决方案,产生超常的构想。变通过程就是克服人们头脑中某种自己设置的僵化思维框架,按照新的方向来思索问题的过程。

变通性比流畅性要求更高,需要借助横向类比、跨域转化、触类旁通等方法,使发散思维沿着不同的方向扩散,表现出极其丰富的多样性和多面性。

3. 独特性

思维的独特性,就是指超越固定的、习惯的认知方式,以前所未有的新角度、新观点去认识事物,提出不为一般人所有的、超乎寻常的新观念。例如,红砖能够当尺子、画笔、交通标志等就是独特性思维。

毛姆如何扭转乾坤

英国著名作家毛姆的小说有一段时间销售不畅,他便在报刊上刊登了一则征婚启事:本人年轻英俊,家有百万资产,希望获得和毛姆小说中主人公一样的爱情。结果毛姆的这一独特举动使他的小说在短时间内被抢购一空。毛姆在推销他的小说时,就运用了思维的独特性,收到了意想不到的效果。

4. 多感官性

发散思维不仅运用视觉思维和听觉思维,而且充分利用其他感官接收信息并进行加工。发散思维还与情感有密切的关系,如果思维者能够想办法激发兴趣,产生激情,把信息感性化,赋予信息以感情色彩,就会提高发散思维的速度与效果。

三、发散思维的常见形式

1. 多路思维

多路思维就是根据研究对象的特征,人为地分成若干路径,然后一路一路地考虑,以取得更多解决方案的发散思维。这是发散思维最一般的形式。用多路思维进行思考可以化复杂为简单、化整为零,且使条理更清楚,思路更周密,使思维的流畅性、变通性大幅度提高,产生的有价值的方案也大大增多。

多路思维要求思考者善于一个路径又一个路径地想问题,而不要"一条道上走到黑"。

例如,以"电线"为题,设想它的各种用途,学生们自然地把它和"电、信号"等联系起来,作为导体;也可以把它当作绳用来捆东西、扎口袋等。但如果你把电线分成铜质、重量、体积、长度、韧性、直线、轻度等要素再思考,你会发现电线的用途无穷无尽。如:可加工成织针,弯曲做鱼钩,可以做成弹簧,缠绕加工制成电磁铁,铜丝熔化后可以铸铜字、铜像,变形加工可以做外文字拼图、做运算符号等。

多路思维需要涉及各方面的知识,同时还要综合社会生活经验,这就需要同学们在日常生活中细心观察,认真学习,拓宽知识面,要敢于冲破陈规陋习的束缚,进行创造性思维。

2. 立体思维

立体思维就是在考虑问题时突破点、线、面的限制,从上下左右、四面八方去思考问题,即在三维空间解决问题。某些问题在平面上是不可能解决的,放到立体空间,就十分简单了。其实,有不少东西都是跃出平面、伸向空间的结果。小到弹簧、发条,大到奔驰长啸的列车、耸入云天的摩天大厦……最典型的例子要数电子王国中的"格里佛小人"——集成电路了。立体形态的电子线路板制造出来后,不仅在上下两面有导电层,而且在线路板的中间设有许多导电层,从而大大节约了原材料,提高了效率。

《天净沙·秋思》的立体思维

元代马致远的《天净沙·秋思》:"枯藤老树昏鸦,小桥流水人家。古道西风瘦马,夕阳西下,断肠人在天涯。"这首元曲用了十个描写景物的词汇(枯藤、老树、昏鸦、小桥、流水、人家、古道、西风、瘦马、夕阳),每个词孤立地看没有什么深刻的意义,但马致远将自然景象和断肠人的心境综合起来,既写了景,又融入了自己的感情,描述了天涯游子孤单、冷清的心境,形成一幅情景交融、美不胜收的现实图画,构成了一个立体形态的艺术画卷。

立体思维在日常生活和生产中是非常有用的。例如,在养鱼业中,根据各种鱼的习性,合理搭配饲养的鱼种,就可以充分利用鱼塘的空间,提高单位面积产量;在农业生产中,利用空间,采取间作、套种等多种措施,都是运用立体思维的结果。

立体快速巴士

2010年美国《时代》周刊年度50大"最佳发明"中,北京立体快速巴士被评为交通类最佳发明。立体快速巴士由深圳一家公司设计,其设计思路是将地铁或轻轨列车车厢与铁轨间的垂直距离增高,以便使小汽车能在车厢下通行,避免了城市公共交通工具与小汽车争路的情况,提高了城市道路利用率。立体快速巴士的设计就是立体思维的结果。

四、发散思维的作用

发散思维是创造性思维的一个组成要素,其作用是为创造性思维活动指明方向,即要求朝着与传统的思想、观念、理论不同的另一个(或多个)方向去思维。发散思维的实质是要冲破传统思想、观念和理论的束缚。

1. 发散思维是创新思维的核心与枢纽

创新思维的技巧性方法中,有许多都是与发散思维有密切关系的。发散思维开辟了线性逻辑思维之外的思维通道,使思维的原点连接四面八方。在这些高度通畅的道路上,联想思维、想象思维、侧向思维、逆向思维等创新思维得以自由驰骋。

2. 发散思维是创新的基础与保障

发散思维的主要功能就是为随后的收敛思维提供尽可能多的解题方案。这些方案不可能每一个都十分正确、有价值,但是一定要在数量上有足够的保证。

五、发散思维的方法

1. 一般方法

(1) 材料发散法。以某个物品为"材料",以其为发散点,尽可能多地设想它的用途。

(2) 功能发散法。从某事物的功能出发,构想出获得该功能的各种可能性。

有一次,在某地举行了一场别开生面的时装表演,一些平常被人们遗弃的垃圾,成了这次时装表演的主要原材料:用旧报纸、画报做的衣衫,用易拉罐做的衣裙的饰物,用旧光碟做的头饰等应有尽有,让人深切地感受到了什么才是真正的变废为宝。从发散思维的角度出发,没有废物一说。因为借助于功能发散,可以变废为宝,使一切废物得到利用。

(3) 结构发散法。以某事物的结构为发散点,设想出利用该结构的各种可能性。在北戴河孟姜女庙前檐柱上有一副对联,原文如下:

上联:海水朝朝朝朝朝朝朝落

下联:浮云长长长长长长长消

根据"朝"有两种读法——表示早晨的"朝"和表示潮水的"潮","长"也有两种读法——表示长短的"长"和表示涨潮的"涨",三个游客议论开了:

游客甲说,这副对联可读成:海水潮,朝朝潮,朝潮朝落;浮云涨,长长涨,长涨长消。

游客乙说,这副对联可读成:海水朝潮,朝朝潮,朝朝落;浮云长涨,长长涨,长长消。

游客丙说,这副对联可读成:海水朝朝潮,朝潮,朝朝落;浮云长长涨,长涨,长长消。

这三个游客的读法都没有错,不过是他们以对联的结构为发散点,做出了不同的解释而已。

(4) 形态发散法。以事物的形态为发散点,设想出利用某种形态的各种可能性。

(5) 组合发散法。以某一事物为发散点,尽可能多地把它与别的事物进行组合,以形成新的可能。

多变的瓶起子

瓶起子是大家最熟悉不过的起瓶工具。将它与其他物品组合会怎么样呢?有人将它与打火机组合在一起,于是出现了带打火机的起子。有人将它与戒指组合在一起,于是出现了便于携带和使用的戒指形起子。有人将它与磁铁组合在一起,于是开启的瓶盖会自动吸附到带磁铁的地方便于收集。当然最绝妙的瓶盖与起子的组合则是易拉罐。

(6) 方法发散法。以某种方法为发散点,设想出利用这种方法的各种可能性。

气泡混凝土

在合成树脂(塑料)中加入发泡剂,使合成树脂中布满无数微小的孔洞,这样的泡沫塑料用料少、重量轻,又有良好的隔热和隔音性能。

日本的一个名叫铃木的人联想到在水泥中加入一种发泡剂,使水泥也变得既轻又具有隔热和隔音的性能,结果发明了一种气泡混凝土。

(7) 因果发散法。以某个事物发展的结果为发散点,推测出造成该结果的各种原因,或者由原因推测出可能产生的各种结果。

持续近20年的爆炸案

1940年,纽约爱迪生公司大楼发现一箱炸药并留有一张纸条:"爱迪生公司的骗子们,这是给你们的炸弹。"署名F.P.。炸弹没有爆炸,但罪犯也没有留下指纹。1950年的一天,署名F.P.的这个人在报纸上宣称:"我是个病人,而且正在为这个病而怨恨爱迪生公司,不久,我还要把炸弹放出来。"之后的几年中警方束手无策,最后求助于刑事犯罪的心理分析专家。专家应用发散思维的方法,寻找因果联系,总结出15种可能性并在1956年刊登在各大报纸上。F.P.看到后从韦斯特切斯特给某报纸寄出答复信:"请别侮辱我的智慧,奉劝你们还是把爱迪生公司叫到法庭上为好。"依循有关线索,警方在爱迪生公司的人事档案中查到有一个电工因公烧伤,要求领取终身餐费津贴,但被公司拒绝。至此,长达近20年的爆炸案终于告破。

2. 假设推测法

假设的问题不论是任意选取的,还是有所限定的,所涉及的都应当是与事实相反的情况,是暂时不可能的或是现实不存在的事物对象和状态。

由假设推测法得出的观念可能大多是不切实际的、荒谬的、不可行的,这并不重要,重要的是有些观念在经过转换后,可以成为合理的、有用的思想。

3. 集体发散思维

发散思维不仅需要用上我们自己的全部思考,有时候还需要用上我们身边的无限资源,集思广益。集体发散思维可以采取不同的形式,如我们常常戏称的"诸葛亮会"。创新技法篇中我们将详细介绍应用集体发散思维的方法——头脑风暴法。

第二节 收敛思维

洗衣机的发明

在探讨洗衣服的问题时，人们首先围绕"洗"这个关键词，列出各种各样的洗涤方法：用洗衣板搓洗、用刷子刷洗、用棒槌敲打、在河中漂洗、用流水冲洗、用脚踩洗等。然后再进行思维收敛，对各种洗涤方法进行分析和综合，充分吸收各种方法的优点，结合现有的技术条件，制定出设计方案，然后再不断改进，最终发明了洗衣机。洗衣机的发明，使烦琐的手工洗衣方式演变为自动化的机械洗衣方式，改善了人们的生活。

在洗衣机的发明过程中，人们利用收敛的思维方式，对发散思维的结果加以总结，最终创造出洗衣机。收敛思维能够从各种不同的方案和方法中选取解决问题的最佳方法或方案。

一、收敛思维的含义

收敛思维与发散思维是一对互逆的思维方式。收敛思维也叫作"聚合思维"、"求同思维"、"辐集思维"或"集中思维"，是指在解决问题过程中，尽可能利用已有的知识和经验，把众多的信息和解题的可能性逐步引导到条理化的逻辑序列中去，最终得出一个合乎逻辑规范的结论。

收敛思维也是创造性思维的一种形式。与发散思维不同，发散思维是为了解决某个问题，从这一问题出发，想的办法、途径越多越好，总是追求更多的办法；而收敛思维使我们直接对准思维目标，如图 3-2 所示。收敛思维也是为了解决某一问题，在众多的现象、线索、信息中，向着问题的一个方向思考，根据已有的经验、知识或发散思维中针对解决问题的最好办法而得出最终结论。如果说，发散思维是由"一到多"的话，那么，收敛思维则是由"多到一"。当然，在集中到中心点的过程中也要注意吸收其他思维的优点和长处。

图 3-2 收敛思维图

吉尔福德认为，收敛思维属于逻辑思维推理的领域，可纳入智力范围。虽然发散思维是创造性思维中最基本、最普遍的方式，但是，没有收敛思维，就没有办法确定由发散思维所得到的众多方案中，究竟哪一个方案最合适。

 案例 3-11

追问到底法

在日本丰田汽车公司,曾经流行一种管理方法,叫作"追问到底法"。就是说,对公司新近发生的每一件事,都采取追问到底的态度,以便找出最终的原因。一旦找到了最终原因,那么对于一连串的问题也就有了深刻的认识。

比如,公司的某台机器突然停了,那就沿着这条线索进行一系列的追问。

问:"机器为什么不转了?"答:"因为保险丝断了。"

问:"为什么保险丝会断?"答:"因为超负荷而造成电流太大。"

问:"为什么会超负荷?"答:"因为轴承枯涩不够润滑。"

问:"为什么轴承枯涩不够润滑?"答:"因为油泵吸不上润滑油。"

问:"为什么油泵吸不上润滑油?"答:"因为油泵严重磨损。"

问:"为什么油泵会严重磨损?"答:"因为油泵未装过滤器而使铁屑混入。"

追问到此,最终的原因就算找到了。给油泵装上过滤器,再换上保险丝,机器就正常运行了。如果不进行这一番追问,只是简单地换上一根保险丝,机器照样立即转动,但用不了多久,机器又会停下来,因为最终原因没有找到。

二、收敛思维的特点

1. 唯一性

尽管解决问题有多种多样的方案和方法,但最终总是要根据需要,从各种不同的方案和方法中选取解决问题的最佳方案或方法。收敛思维所选取的方案是唯一的,不允许含糊其辞、模棱两可,一旦选择不当,就可能造成难以弥补的损失。

2. 逻辑性

收敛思维强调严密的逻辑性,需要冷静的科学分析。它不仅要进行定性分析,还要进行定量分析,要善于对已有信息进行加工、由表及里、去伪存真,仔细分析各种方案可能产生什么样的后果以及应采取的对策。

3. 比较性

在收敛思维的过程中,对现有的各种方案进行比较才能确定优劣。比较时既要考虑单项因素,更要考虑总体效果。

收敛思维对创造活动的作用是正面的、积极的,和发散思维一样,是创造性思维不可缺少的。这两种思维方式运用得当,会对创造活动起促进作用;使用不当,就不能发挥应有的作用。但我们国家很长一段时间里,教育方法上忽视了收敛思维,这对创新能力的培养是不利的,需要进行改变。

第三节　发散思维与收敛思维的关系

发散思维可以开阔思路,获得灵感。这些思路、灵感还需要进一步遴选、加工、修改才可能形成最后的方案。这就需要运用收敛思维。发散和收敛正是大脑思维的一种完整体现。

收敛思维是指在解决问题的过程中,尽可能利用已有的知识和经验,把众多的信息和解题的可能性逐步引导到条理化的逻辑序列中去,最终得出一个合乎逻辑规范的结论。这就好比凸透镜的聚焦作用,它可以使不同方向的光线集中到一点,从而引起燃烧。

发散思维与收敛思维既有不同又相互联系:

一、两者的思维指向相反

发散思维是由问题的中心指向四面八方,是为了解决某个问题,从这一问题出发,想的办法、途径越多越好,总是追求还有没有更多的办法。收敛思维是由四面八方指向问题的中心,是为了解决某一问题,在众多的现象、线索、信息中,向着问题的一个方向思考,根据已有的经验、知识或发散思维中针对解决问题的最好办法去得出最终的结论和最好的解决办法。

案例 3-12

多加了一个孔的味精瓶

日本有一厂家生产瓶装味精,质量好,瓶子盖上有 4 个孔,顾客使用时只需甩几下,很方便,可是销售量一直徘徊不前。全体职工费尽心思,销售量还是不能大增。后来一位家庭主妇提了一条小建议,厂房采纳后,不费吹灰之力便使销售量提高了近四分之一。

那位主妇的小建议是:在味精瓶的内盖上多钻一个孔。由于一般顾客放味精时只是大致甩个两三下,四个孔时是这样甩,五个孔时也是这样甩,结果在不知不觉中多用了近 25%。

请同学们也看看你家厨房带孔的调料瓶,数一数上面有几个孔,想一想:孔是越多越好,还是越少越好?孔的直径是越大越好,还是越小越好?为什么?

二、两者的作用不同

发散思维是一种求异思维,要尽可能地在更广泛的范围内搜索,把各种不同的可能性都设想到。收敛思维是一种求同思维,要集中各种想法的精华,达到对问题系统、全面的考察,为寻求一种最有实际应用价值的结果,而把多种想法理顺、筛选、综合、统一。

三、两者具有互补性

发散思维与收敛思维又是相互联系的,是一种对立统一的辩证关系。没有发散思维的广泛收集,多方搜索,收敛思维就没有了加工对象,就无从进行;反过来,没有收敛思维的认真整理,精心加工,发散思维的结果再多,也不能形成有意义的创新结果,也就成了废料。只有两者协同合作,交替运用,一个创新过程才能圆满完成。

发散思维与收敛思维不仅在思维方向上互补,而且在思维操作的性质上也互补。发散思维与收敛思维必须在时间上分开,即分阶段。如果它们混在一起,将会大大降低思维的效率。

在创造性解决问题的过程中,可以通过发散思维推测出许多假设和新的构想,再通过收敛思维,从中找出一个最正确的答案。在发散思维之后,尚需进行收敛思维,也就是把众多的信息逐步引导到条理化的逻辑序列中去,以便最终得出一个合乎逻辑规范的结论来。事实证明,任何创造成果,都是发散思维与收敛思维的对立统一,往往是发散—集中—再发散—再集中,直至完成的过程。

案例 3-13

1 只猫＝司令部?

第一次世界大战期间法德交战时,法军的一个司令部在前线构筑了一个极隐蔽的地下指挥部。德军的侦察人员在观察战场时发现:每天早上八九点钟都有一只小猫在法军阵地后的一座土包上晒太阳。

他们利用收敛思维判定那个掩蔽处一定是法军的高级指挥所。随后,德军集中火力对那里实施猛烈攻击。事后查明,他们的判断完全正确,这个法军地下指挥所的人员全部阵亡。

德军判断依据:①这只猫不是野猫,野猫白天不出来,更不会在炮火隆隆的阵地上出没;②猫的栖身处就在土包附近,很可能是一个地下指挥部,因为周围没有人家;③根据仔细观察,这只猫是相当名贵的波斯品种,在打仗时还有兴趣玩这种猫的绝不会是普通的下级军官。

训练一

快速串词

对下列词组作快速串词训练:

兰草、书法、耳目、作家、钢琴、茶叶、民族、唱歌、军队、电工、小草、响声、美好、笑话、照相、花朵、水泥、上帝、银行、光明

红色是中国色,想一想我们用红色都可以做什么,能办哪些事。想法越多越好。

第四章 联想思维

(1) 知识目标:了解联想思维的含义、特点、作用及类型,掌握训练联想思维的途径和方法。

(2) 技能目标:掌握联想思维的方法要点,提高思维的联想能力。

(3) 体验目标:培养联想思维意识,体会世界万物之间的联系。

第一节 什么是联想思维

一、联想思维的含义

联想思维是指人脑记忆表象系统中,由于某种诱因导致不同表象之间发生联系的一种没有固定思维方向的自由思维活动,是由一个事物的概念、方法和形象想到另一个事物的概念、方法和形象的心理活动。联想思维可以将两个或多个事物联系起来,由此及彼,由表及里,发现它们之间相似、相关或相反的属性,或隐藏在这些事物背后的规律性,并在此基础上产生新的想法或创意。

相同的境遇,不同的结果

有两个秀才一起去赶考,路上他们遇到了一支出殡的队伍,看到那一口黑乎乎的棺材,其中一个秀才心里立即咯噔一下,心想:完了,触了霉头,赶考的日子居然碰到这口倒霉的棺材。于是他心情一落千丈,走进考场时那个"黑乎乎的棺材"一直挥之不去,结果他文思枯竭,果然名落孙山。

另一个秀才也同时看到了棺材,一开始心里也咯噔了一下,但转念一想:棺材,棺材,噢!那不就是有"官"又有"财"吗?好,好兆头,看来我要鸿运当头了,一定中榜。于是心里十分兴奋,情绪高涨,他走进考场时文思泉涌,果然一举高中。

回到家里,两人都对家人说:那"棺材"真的好灵。

第一个秀才之所以名落孙山,是因为他考场上文思枯竭,而文思枯竭是因为情绪不好,情绪不好又是因为他看到令他感到"触了霉头"的棺材。

另一个秀才之所以金榜题名,是因为他考场上文思泉涌,而文思泉涌是因为情绪高涨,情绪高涨又是因为看到令他感到"好兆头"的棺材。

钢盔的发明

1914年第一次世界大战期间,法国有一位叫亚德里安的将军去医院看望伤员,一个被德军炮弹炸伤的士兵向他讲述了自己受伤的经过。原来,德军炮弹打来时,这个士兵正在厨房值日,在弹片横飞中他急中生智,把铁锅倒扣在头上,保住了头部,很多人被炸死了,他只受了轻伤。亚德里安将军听后非常高兴,由此联想到在战场上如果每个人都戴上一顶铁帽子,不就可以减少伤亡了吗?于是,他立即指定一个小组进行研究,制成了世界上第一代钢盔,用钢盔装备部队后,伤亡率下降了2‰~5‰。

据统计,在第二次世界大战中,世界各国的军队由于配备了钢盔,几十万士兵免于死亡。

二、联想思维的特点

联想思维具有连续性、形象性、概括性的特点。

1. 连续性

联想思维的主要特征是由此及彼、连绵不断地进行,可以是直接的,也可以是迂回曲折的,形成闪电般的联想链,而链的首尾两端往往是风马牛不相及的。

2. 形象性

由于联想思维是形象思维的具体化,其基本的思维操作单元是记忆表象,是一幅幅画面,所以,联想思维和想象思维一样十分生动,具有鲜明的形象。

3. 概括性

联想思维可以很快把联想到的思维结果呈现在联想者的眼前,而不顾及其细节如何,是一种整体把握的思维操作活动,因此有很强的概括性。

三、联想思维的作用

1. 在两个以上的思维对象之间建立联系

通过联想,可以在较短时间内在问题对象和某些思维对象间建立联系,这种联系会帮助人们找到解决问题的答案。

2. 为其他思维方法提供一定的基础

联想思维一般不能直接产生有创新价值的新的形象,但是,它往往能为产生新形象的想象思维提供一定的基础。

3. 活化创新思维的活动空间

联想，就像风一样，扰动了大脑的活动空间。由于联想思维有由此及彼、触类旁通的特性，所以常常把思维引向深处或更加广阔的天地，促使想象思维的形成，甚至灵感、直觉、顿悟的产生。

4. 有利于信息的储存和检索

思维操作系统的重要功能之一，就是把知识信息按一定的规则存储在信息存储系统，并在需要的时候再把其中有用的信息检索出来。联想思维就是思维操作系统的一种重要操作方式，可以进行信息的储存和检查。

四、联想思维的方法

1. 自由联想法

自由联想法指的是思维不受限制的联想，可以从多方面、多种可能性中寻找问题的答案。

案例 4-3

永不卷刃的刀具

在印刷公司任职的 N 先生，对刀具很感兴趣，一直希望有一种廉价的、永不卷刃的刀。

一次，N 先生看到有人用碎玻璃刮地板上涂的漆。那个人先敲碎玻璃，再用碎片的棱角刮，当碎片的棱角磨秃后不好使用时，把玻璃再敲碎，用新的切口来刮。

见此情景，N 先生眼前一亮，"啊，有了！"

刀钝后用不着磨，而是将钝了的部分折断。于是，他在薄而长的钢片上刻出印痕，钝了以后折断，果然顺利地出现了一段新刃。

从敲碎玻璃，去掉一部分中获得启示，设计出这种世界上前所未有的可折断的刀，并出口到世界各国。N 先生理所当然地当上了新成立的刀具公司的经理。

看了案例 4-3 有何感想？"这种事我也见过，怎么就没有想到？"很多人在别人的创造面前这样想。其实，这里边深藏着问题意识和创造精神两个关键的因素。

2. 强制联想法

强制联想法是指把思维强制性地固定在一对事物中，并要求对这对事物产生联想。

如花和椅子两个事物之间的强制联想，试一试，怎样把二者联系起来呢？可以这样想：花→花香→带花香的椅子；花→花色→印有花色图案的椅子；等等。

将看起来毫无关系的两个事物强行联系在一起，思维的跳跃较大，能帮助我们克服经验的束缚,产生新设想或开发新产品。

将圆珠笔与收音机联系在一起,开发出带收音机的圆珠笔;将手表和钢笔强制联想,诞生了带电子表的钢笔;将风扇与手电筒联系在一起,开发出带有小风扇的手电筒。

保险柜和照相机本来是没有什么关系的,有人在强制联想后,发明了带照相功能的保险柜,可以拍下盗保险柜人的照片。

3. 仿生联想法

仿生联想法是通过研究生物的生理机能和结构特性,设想创造对象的方法。自然界的生物经过亿万年的优选、演变,存在着人类取之不尽、用之不竭的创造模型。

尼龙搭扣的发明

尼龙搭扣的发明者叫乔治,是一位瑞士人,工程师。他平时很喜欢打猎,但他每次打猎归来衣物上都会粘满一种草籽,即便是用刷子也很难刷干净,非得一个一个地摘才行。

有一次,他把刚摘下来的草籽用放大镜仔细地进行观察,大吃一惊:原来在这些小小的草籽上有一个有趣的奥秘。他看到这些草籽上有许多小钩子,正是这些小钩子牢牢地钩住了他的衣物。

受到草籽的启发,他想,难道不可以用许多带小钩子的布带来代替钮扣或拉链吗?经过多次试验和研究,他制造了一条布满尼龙小钩的带子和一条布满密密麻麻尼龙小环的带子。两条带子相对一合,小钩恰好钩住小环,牢牢地固定在一起,必要时再把它们拉开。乔治依靠他对自然深入的观察而发明了尼龙搭扣。

YKK 拉链

图 4-1 是著名拉链供应商 YKK 集团所生产的拉链。YKK 拉链是由吉田公司的创办人吉田忠雄一手设计的。

一条小小的拉链,很不起眼,但当它与一连串惊人的数字联系在一起时,就令你不得不刮目相看了。日本吉田公司是世界上最大的拉链制造商,如果将其生产的拉链一根根连接起来,每年生产的拉链的总长度可在地球和月球之间拉上 4 个来回。从 350 日元起家,到占世界拉链总量的可观份额,全球拉链生产巨头 YKK 创造了令人惊叹的业绩。2007 年的营业额高达 45 亿美元,占世界高端拉链市场的 80%。目前拉链事业已拓展到全世界 70 多个国家和地区,已有 119 家分公司,在中国也有 30 多个分销点。而从一条拉链中"拉出"这么多天文数字的吉田忠雄凭着顽强进取的精

图 4-1　YKK 拉链

神,终于成了遐迩闻名的"世界拉链大王"。

当年日本实施战时经济体制。第一道与日本工商界有关的命令是国内禁止使用制造枪炮的必需原料"铜"。既然铜成了战时的管制品,以铜为主要原料的拉链产业便受到极大的冲击,必将被迫停业和改行。善于动脑筋的吉田忠雄没有被困难吓倒,他急中生智,决定改用铝作为替代品。这就使他成为世界上第一个用铝代替铜制作拉链的人。

二战结束后,他到了欧洲,发现那里的女人都穿着后背开得很大的礼服,那时候礼服使用的拉链都是铝制拉链。吉田忠雄看到拉链紧紧贴在那些女人的皮肤上,就不由自主地联想:一定会很不舒服吧!于是他开始开发其他材料的拉链。几经实验,又开发出尼龙材料的拉链,结果大受欢迎。

就是因为这种不断创新的意识,YKK 公司才渐渐雄霸世界拉链市场。

第二节　联想思维的类型

一、相似联想

相似联想就是由某一事物或现象想到与之存在形式、性质或意义上相似之处的其他事物或现象,进而产生某种新设想。

过家家和印刷术

我国古代印书最早是将字刻在一块整板上印的,不仅费时,而且费力,许多人因为长期伏案刻字积劳成疾。毕昇的师傅和同事中的一些人因为长时间劳累过度,未老先衰,背驼眼花,令人心酸。为此,毕昇苦苦思索通过提高工作效率来减轻劳动强度的办法。

有一年清明节,毕昇带着家人回老家扫墓祭祖,在空闲时,就利用难得的轻松机会与小孩子们一起嬉闹玩耍。一次,他看见两个孩子在玩"过家家",用泥做成了锅、碗、桌、椅、猪、牛、人等不同的形状,按一定的规则不断地排来排去玩,变化多样。这一情境使毕昇突发联想:如果用一个泥块刻成一个字,按文章的要求进行排列,然后用来印书,不就可以大大减轻刻字印刷的劳动强度了吗?

毕昇立即进行试验。经过多次尝试后,他选择了细腻的胶泥作材料,制成一个个小方块,上面刻上凸面反手字,用火焙硬,然后按韵母顺序依次摆放在木格子内,做成了最早的活字。在需要印书时,他在一块铁板上铺上松香、蜡和纸灰等作为黏合物,按照书中的文字内容选择相应的活字排放好,再在四周围上铁框。等到黏合物稍稍冷却后再用平板把版面压平,待完全冷却后便可进行印刷了。印刷完毕后,用火烘一烘,印版底部的黏合物慢慢熔化,就可以将那些活字拆下来,下次印刷时还可重复使用。

壁纸刀片的发明

一名记者去拜访一个朋友,朋友正在为打扫新近装修的房屋忙得不亦乐乎。记者到访时他正蹲在窗台上,不时用手中玻璃片的断口清理滴落在玻璃上的油漆点,清理几下后断口就不锋利了,于是他在窗台上把玻璃再磕掉一块,使它露出新断口,然后继续工作。就是这个不起眼的动作让记者受到了启发,他马上联想到经常使用的刀子,刀子用钝了以后是不是也可以磕出新刃? 由此,他发明了壁纸刀片,刀片上每隔5~10毫米就有一道浅浅的斜印,根据金属用力集中的特性,当你在掰刀片时,它首先会从有斜印处折断,这样壁纸刀片又变得锋利了。

二、相关联想

相关联想是在时间上和(或)空间上相互接近的事物之间进行联想,进而产生某种新设想的思维方式。例如,放在一张桌子上的手机和笔,二者表面上并无联系,但在空间上彼此接近,它们之间发生的联想即为空间接近联想。由此可能会产生:可操作手机电容屏的笔、可给手机充电的笔、可作为手机无线U盘的笔、笔形的手机等。

巧妙的推销

国外有家公司既经营鲜牛奶,又经营面包、蛋糕等食品。这家公司出产的牛奶质优价廉,每天都能在天亮以前将牛奶送到订户门前的小木箱内。牛奶的订户不断增多,公司获利越来越大,可是这家公司经营的面包、蛋糕等食品,虽然也质优价廉,但由于销售部所在的地段较偏僻,来往的行人不多,所以销售额一直不大。

公司很多人建议通过在电视台和报纸上做广告来扩大影响,可老板却想出这样一个办法:设计、印刷一种精美的小卡片,正面印各种面包、蛋糕的名称和价格,背面是订单,可填写需要的品种、数量和送货时间以及顾客的签名。每天把它挂在牛奶瓶上送给订户,第二天再由送奶人收走,第三天便能将所订的面包、蛋糕等食品,随同牛奶一起送到订户家中。结果,该公司的面包、蛋糕等食品销量大增。

三、对比联想

对比联想即相反联想,是根据事物之间存在的互不相同或彼此相反的情况进行联想,从而引发出某种新设想的思维方式。人们往往习惯于看到正面而忽视反面,因而相反的联想会使人的联想更加丰富,更加富于创新性。

1. 从性质、属性的对立角度进行对比联想

从大想到小,从长想到短,从冷想到暖,等等。

"偷工减料"的创新

圆珠笔之所以能够写字,是因为笔头里的钢珠在滚动时,能将干油墨带出来转写到纸上。1支圆珠笔至少可以书写2万个字。但是,书写的字数多了以后,钢珠与笔芯之间的空隙会渐渐变大,这样油墨就会从缝隙中漏出来,常常玷污衣物等。

为了解决漏墨的问题,专家们没有少动脑筋。有的研究油墨配方的改进,有的研究钢珠与笔芯的硬度,可是都没能收到效果。

正当这项研究毫无进展的时候,日本的一个小企业主中田藤三郎从属性对立的角度进行思考,想出了一个绝招:不是因为装的干油墨足够书写2万个字吗?不是因为写到那时就会漏墨吗?那我就少装一些干油墨,让笔芯里的油墨书写1.5万个字时就用完了,这样圆珠笔芯漏墨的问题就解决了。于是,他就申请了专利,专门生产一种短支的圆珠笔芯和圆珠笔,受到了广大顾客的欢迎,很快他就成了一个大的企业家。

这种解决问题的方法,看起来如同一种偷工减料,但实质上是一种创新,是解决当时人们所不能解决的问题的思路上、方法上的创新。

2. 从优缺点角度进行对比联想

既看到优点,看到长处,又要想到缺点,想到短处;反之亦然。

不干胶的发明

最早的不干胶于 1964 年诞生于美国 3M 公司的一位化学家手中。据说当时这位化学家想发明一种新的强力胶,他研究各种胶黏剂配方时,配制出了一种具有较大黏性,但是不易固化的新品类黏胶。用它来粘贴东西,即使过了很长时间也能轻易地揭剥下来。当时,人们认为这种黏胶不会有很大作用,所以没有重视。

到了 1973 年,3M 公司的一个胶布新品开发小组,把这种胶涂在常用商标的背面,再在胶液上粘上一张涂了微量蜡的纸片。这样,全球第一张商标纸就诞生了。于是,不干胶的作用被人们陆续发现,不干胶的使用人群越来越多。

3. 从结构颠倒角度进行对比联想

从空间考虑,前后、左右、上下、大小的结构都可以颠倒着进行联想。

胶 囊 旅 馆

胶囊旅馆又称太空舱旅馆,是一种由空间对比联想而产生的简单、便捷的"微型"旅馆。这种旅馆是几十个整齐搭起来的"胶囊",每个"胶囊"住一个顾客。胶囊旅馆可谓"麻雀虽小,五脏俱全",床、桌、灯、电视、音响等必要设施都有,当然,卫生间、洗浴室等被设置在公共区域。

胶囊旅馆的最初设计者是建筑家黑川纪章。1979 年,新日本观光株式会社在大阪梅田开办了首家胶囊旅馆。1985 年,随着国际科学技术博览会的举行,为容纳大量观光客而紧急修建的胶囊旅馆,经电视台报道之后开始为社会所知。

胶囊旅馆近年来被东南亚、欧洲各国效仿,就连发达的英国、法国、德国、立陶宛都相继建成了类似的胶囊旅馆。由于它的低碳环保、低廉价格和便捷服务,深受差旅一族和年轻游客的欢迎。中国商家也不失时机地结合国情,在北京、上海、西安、南京、广州、深圳等地陆续建成了这样的旅馆。

4. 从物态变化角度进行对比联想

从物态变化角度进行对比联想即看到事物从一种状态变为另一种状态时,联想与之相反的变化。

石墨变金刚石

18 世纪,拉瓦把金刚石锻烧成 CO_2 的实验,证明了金刚石的成分是碳。1799 年,摩尔沃成功地把金刚石转化为石墨。金刚石既然能够转变为石墨,用对比联想来考虑,那么反过来石墨能不能转变成金刚石呢?后来,化学家莫瓦桑成功地用石墨制成了金刚石。

四、因果联想

因果联想是指由两个事物间的因果关系所形成的联想。

劳力士手表广告

劳力士手表是瑞士生产的一种高档名表,专供上层人士佩戴。厂家选择了全世界公认的最优秀的登山健将梅斯纳做广告。1978年,莱因霍尔德·梅斯纳不用氧气瓶登上了世界最高峰珠穆朗玛峰,令人难以置信。莱因霍尔德·梅斯纳在广告中向世界宣称:"我可以不带氧气瓶,但我绝不会不戴我的劳力士去登山。"登山者不戴上一块可以信赖的、走时准确的表,简直是不可思议的。莱因霍尔德·梅斯纳曾成功地登上6座海拔8000米以上的山峰,选用他佩戴劳力士手表做广告,可以展示劳力士手表令人信赖的优良性能。

五、连锁联想

连锁联想是根据事物之间这样或那样的联系,一环紧扣一环地进行联想,从而引发出新的设想的思维方式。

布扎拉与康熙铁箱钥匙

当年康熙皇帝为了分门别类地将珍宝装起来,曾命人打造了10个大铁箱。每个铁箱各配了一把不同型号的锁,每把锁各有两把相同的钥匙。康熙挑选了10个可靠的大臣,一人发给一把钥匙,要他们各自保管一个铁箱。另外那10把钥匙则由康熙亲自保管。没过多久,康熙就感到这样很不方便。因为这10个大臣并不是天天都同时在他身边,当他需要取出某件珍宝时,负责保管那个铁箱的大臣可能偏偏不在。有一天,康熙要求众大臣在不另配钥匙的前提下,想出一个好办法:无论什么时候,叫到任何一个保管钥匙的大臣,都能很快、很方便地取出任何一件珍宝。大臣们个个皱着眉头想了很久,谁也没能想出好办法来。这时,一个叫布扎拉的小太监跪在地上向康熙禀告说,他想出了一个办法。

布扎拉想出的合乎康熙皇帝要求的办法是,将康熙皇帝掌握的那10把钥匙,同10个大铁箱上的那10把锁,一一对应地分别编为1至10号。然后把1号钥匙放在2

号铁箱里,2号钥匙放在3号铁箱里……以此类推(10号钥匙则放在1号铁箱里)。这样,负责保管铁箱的任何一个大臣,用自己保管的那一把钥匙,都能很快、很方便地打开与其相应的铁箱,然后再用打开的铁箱中的钥匙,去依次打开其他的铁箱,直到最后取出所需要的珍宝为止。布扎拉思考这个问题时运用了连锁联想创新思维方法,将这10把锁作为一个环环紧扣的整体来思考。

六、自由联想

自由联想就是在看上去没有任何联系相距甚远的事物之间形成联想,以引发出某种新设想的思维方式。

冰做的输油管道

一支科学考察队来到南极,准备用铁管铺设一条输油管道,把船上的汽油输送到基地。眼看管道就要铺设完毕,铁管却用完了。如果从国内运送,需要两个月的时间,怎么办?他们就地取材,以剩下的铁管作轴,用医务室的绷带缠绕在上面,用雪水浇透,等雪水凝固成冰后把铁管抽出来,就制成了冰管。如此反复,他们所需的输油管便制作成功了。

第三节 训练联想思维的方法

一、焦点客体法

焦点客体法是美国人温丁格特于1953年提出的,目的在于创造具有新本质特征的客体。主要做法是:将研究客体与偶然客体建立联想关系。焦点客体法的工作程序如下:

(1) 确定我们要研究的焦点客体;
(2) 随机选取几个物体作为偶然客体;
(3) 分别写出这几个偶然客体的明显特征;
(4) 将以上写出的每个特征分别与焦点客体结合,得到新的焦点客体;
(5) 根据每个新的焦点客体得到新的想法;
(6) 将以上的新想法进行合理的汇总得到新的焦点客体。
用此方法解决问题,使用表格形式比较方便。

二、类比法

类比法是把陌生的对象与熟悉的对象、未知的东西与已知的东西进行比较，从中获得启发而解决问题的方法。类比法的实施可分为直接类比、仿生类比、因果类比、对称类比等方法。

蛋卷为什么会碎

浙江省某食品机械厂的技术人员一次去贵阳某糕点厂安装蛋卷机，在本厂测试很满意的蛋卷机，在贵阳却不听使唤了，蛋卷坯子都在卷制过程中碎掉了。他们在原料、配方、卷制尺度等很多方面花了许多精力也解决不了问题。后来，他们看到贵阳即便是阴天，晾在外面的湿衣服半天也能干，便想起丝绸厂空气湿度不当会造成断丝，蛋卷在卷制过程中碎掉可能也与空气干燥有关。于是，他们采取了在本车间及机器内保湿加湿的措施，漂亮的蛋卷终于做出来了。

1. 直接类比

直接类比，是从自然界或者已有的成果中寻找与研究对象相类似的东西而解决问题的方法。

巧送月饼

某公司中秋节福利一直是向员工发放月饼。近几年发现，员工对这项福利开始视而不见。今年中秋节，人力资源部经理面对已经准备好的月饼开始发愁。突然他想到在今年自己生日的当天，妻子给他的母亲买了一份礼物，不仅自己的母亲很开心，自己得知后感觉比自己收到礼物更开心。最后他决定，在中秋节时公司将月饼寄给员工的父母，并附上一封感谢信。

2. 仿生类比

将动物或植物的一些特性与研究对象的特性进行类比的思维方法。

相似的发明

相传，鲁班在看到人们大汗淋漓地砍树时，觉得他们十分辛苦。他想是否能造出一种可以轻易把树截断的工具呢？一天，他上山找木材，走一段陡峭的山路时，脚下突然一滑，他眼疾手快地抓住路旁的一丛茅草，没有滑落下去，手却被草划破，渗出了鲜血。"草怎么会割破手?"鲁班很好奇,于是他仔细地观察茅草,发现草叶上长着许多锋利的小齿。他想既然草都能将皮肤割破,那么用铁制作一种类似小草的有齿工具,威力岂不更大?根据这一想法,鲁班制成了人类历史上第一根锯条。

无独有偶,美国有个叫杰福斯的牧童,他的工作是每天把羊群赶到牧场,并监视羊群不越过牧场的铁丝栅栏到相邻的菜园里吃菜。有一天,小杰福斯在牧场不知不觉地睡着了。不知过了多久,他被一阵怒骂声惊醒了。只见老板怒目圆睁,大声吼道:"你这个没用的东西,菜园被羊群搅得一塌糊涂,你还在这里睡大觉!"小杰福斯吓得面如土色,不敢回话。这件事发生后,机灵的小杰福斯就想,怎么才能使羊群不再越过铁丝栅栏呢?他发现,那片有玫瑰花的地方,并没有更牢固的栅栏,但羊群从不过去,因为羊怕玫瑰花的刺。"有了,"小杰福斯高兴地跳了起来,"如果在铁丝栅栏上加一些刺,就可以挡住羊群了。"

于是,他先将铁丝剪成5厘米左右的小段,然后把它绑在铁丝上当刺。绑好之后,他再放羊的时候,发现羊群起初也试图越过铁丝去菜园,但多次被刺疼之后,羊群再也不敢越过栅栏了。半年后,他申请了这项专利,并获批准。后来这种带刺的铁丝栅栏便风行全世界。也许小杰福斯的创意最初只是为了弥补过失或偷懒——不用老盯着羊群,也能看好羊群。

3. 因果类比

因果类比,是根据已有事物的因果关系与研究事物的因果关系之间的相同或类似之处,去寻求创新思路的一种方法。

失踪的扣子

1867年,俄国彼得堡军需部发放冬装。奇怪的是,这次发放的军大衣全都没有扣子,官兵们对此十分不满。此事一直闹到沙皇那里。沙皇大发雷霆,要严厉处罚负责监制军装的官吏。军需大臣恳求宽限几天,以便对此事进行调查。

这位大臣到军需仓库查看,他翻遍了整个仓库,竟没有一件大衣上有扣子。负责仓库保管的军官和士兵们都说,这些军装入库时,都钉有扣子。那么,这数以万计的扣子究竟去哪里了?

军需大臣委托一位科学家来破这个案。当科学家得知这些军装上的扣子全是用金属锡制造的时候,沉思了一会儿说:"扣子失踪的原因是由于天气奇冷,锡扣子变成粉末脱掉了。"但在现场的军官都不相信科学家的解释。于是,科学家拿了一个锡壶放在花园中的一个石凳子上。几天后,科学家请大臣一起到花园去看,"锡壶"仍放在原处,看上去和原来没有什么两样,科学家走到锡壶跟前,轻轻地用手指一捅,锡壶就像沙子堆似的塌了下来,变成一堆粉末。

原来,锡具有与其他金属不同的物理性质。当温度极低时,其晶体结构会发生改变,体积增加20%左右,变成一种灰色粉末。到了零下33℃时,这种变化的速度就会大大加快。人们称这种现象为"锡疫"。那年冬天,俄国彼得堡地区的气温下降到零下33℃以下,所以银光闪闪的锡扣子都不见了,只有钉纽扣的地方留下一小撮灰色的粉末。

4. 对称类比

对称类比是利用对称关系进行类比而产生新成果的思维方法。例如,以往化妆品都是女人专用的,根据对称类比,男士化妆品应运而生了。

三、移植法

移植法是指把某一事物的原理、结构、方法、材料等转移到当前的研究对象中,从而产生新成果的思维方法。移植法的实施可分为原理移植、结构移植、方法移植、材料移植等。

1. 原理移植

原理移植就是将某种科学技术原理转用到新的研究领域。例如,根据音乐贺卡打开自动发声的原理,台湾一位业余发明家将其移植到汽车倒车提示器上,倒车时发出"倒车请注意"的声音。

2. 结构移植

结构移植就是将某事物的结构形式和结构特征转用到另一个事物上,以产生新的事物。例如,拉链功能移植,某公司为有口蹄疫地区的动物做了数双短筒拉链靴,而美国将拉链移植到外科手术的缝合中。

3. 方法移植

方法移植就是将新的方法转用到新的情景中,以产生新的成果。

锦绣中华园

美国拉斯维加斯有很多世界名胜的微缩景观。荷兰人也把本国的风景名胜微缩成"小人国"。

1989年正式开园的中国第一家主题公园——深圳锦绣中华,就是借鉴了上述方法,微缩了中国的著名景观。它坐落在风光绮丽的深圳湾畔,至今仍是世界上面积最大、内容最丰富的实景微缩景区,占地450亩,分为景点区和综合服务区两部分。82个景点均按中国版图位置分布,比例大部分按1∶15复制。锦绣中华的景点均是按实景在中国版图上的位置摆布的,全园结构犹如一幅巨大的中国地图。这些景点可以分为三大类:古建筑类、山水名胜类、民居民俗类。安置在各景点上的陶艺小人达五万多人。

园内有名列世界八大奇迹的万里长城、秦陵兵马俑;有众多世界之最:最古老的石拱桥(赵州桥)、天文台(古观星台)、木塔(应县木塔)、最大的宫殿(故宫)、中国最大瀑布之一(黄果树瀑布);有肃穆庄严的黄帝陵、成吉思汗陵、明十三陵、中山陵,金碧辉煌的孔庙、天坛,雄伟壮观的泰山,险峻挺拔的长江三峡,如诗似画的漓江山水,杭州西湖、苏州园等江南胜景,各具特色的名塔、名寺、名楼、名石窟以及具有民族风情的地方民居。此外,皇帝祭天、光绪大婚、孔庙祭典的场面与民间的婚丧嫁娶风俗尽呈眼前。在编钟馆,还能欣赏到古装乐队演奏千古绝响——楚乐编钟。在这里可以一天之内领略中华五千年历史风云,畅游大江南北的锦绣河山。

4. 材料移植

材料移植就是将材料的特性移植到新的事物上。

漆黑的夜晚,如何能快速找到电灯的开关呢?如果它能自己发光就好了,现在有人利用亚硫酸锌白天吸光、夜间发光的特性,将它制成电器开关、夜光工艺品、夜光门牌等,使人们在夜晚也能轻松地看到它们。

四、联想思维的训练

联想思维能力训练可以分以下三步进行。

(1) 从给定信息出发,尽可能多地用到各种类型,形成多种多样的综合联想链。

(2) 给定两个没有关联的信息,寻找各种各样的联想链将它们连接起来。例如,建立一个从"粉笔"到"原子弹"的联想链:粉笔→教师→科学知识→科学家→原子弹。

(3) 寻找任意两个事物的联系,可以省去联想链,但要建立两个事物间有价值的联系,并由此形成创新设想或创意,这一阶段联想的难度较大,但它是最有价值的联想,应当多进行这方面的训练。

按照联想思维的训练方法分别建立足球→讲台、黑板→聂卫平、汽车→绘图仪、油泵→台灯等信息之间的联想链。

(1) 训练目的:提高联想速度。

(2) 训练方法:给定两个词或两个物,然后通过联想在最短的时间里由一个词或物想到另一个词或物,如天空和鱼。那么,其间的联想途径可以是:天空—地面—湖海—鱼。当然也可以是其他的联想途径。对以下几组词进行联想训练。

① 猫—玻璃杯;

② 大树—手表;

③茅草—显示器；
④西瓜—铅笔；
⑤算盘—窗帘；
⑥地球—手机。

移植法训练

(1) 训练目的：培养移植思维能力。

(2) 训练方法：以小刀为例，根据小刀的特点、功能、结构看看能不能发明一件新的东西？

第五章 逆向思维

（1）知识目标：了解逆向思维的含义、特点及表现形式；掌握变害为利方法的使用。

（2）技能目标：培养逆向思维能力，学会运用逆向思维解决问题的技能。

（3）体验目标：培养逆向思维的意识，感受变害为利的积极意义。

人们解决问题时，习惯于按照熟悉的常规的正向思维，即逻辑思维，沿着习惯性思考路线去思考，这样可以使我们从容面对变化不大的日常生活和工作。然而，对于具有创新需求的发展变化的事物，利用正向思维却不易找到正确答案，一旦改变思维的方向，常常会取得意想不到的效果。

前面我们学习和体验的是水平思维，通过联想、想象等思维方式达到发散的目的。水平思维是横向的、非逻辑的。我们还可以从与逻辑思维方向相反的方向进行思考，以获得不同寻常的解决问题的方法。

第一节 什么是逆向思维

一、逆向思维的含义

逆向思维又称反向思维。心理学研究表明：每一个思维过程都有一个与之相反的思维过程，在这个互逆过程中，存在正、逆思维的联结。所谓逆向思维，是指和正向思维方向相反而又相互联系的思维过程，是从事物的反面去思考问题的思维方式。这种方法常常使问题获得创造性的解决。

王永志的"不合理"建议

工程院院士王永志是我国首任载人航天工程总设计师，为我国"神州"飞船一飞冲天、中国人实现千年飞天梦想，做出了杰出的贡献。当他还是我国航天界的"小萝卜头"时，曾经为导弹发射出过一个好主意，显示了他的才华。

1964年6月，王永志第一次走进戈壁滩，执行发射中国自行设计的第一种中近程导弹任务。当时计算火箭的推力时，发现射程不够。大家考虑是不是可以多加一点推进剂，但是火箭的燃料箱有限，再也装不进去了。正当大家议论纷纷，想不出好办法时，一个高个子年轻中尉站起来说："经过计算，要是从火箭体内卸出600千克燃料，这枚导弹就会命中目标。"大家的目光一下子聚集到这个年轻的面孔上。在场的专家们几乎不敢相信自己的耳朵。

有人不客气地说："本来火箭能量就不够，你还要往外卸？"结果没有人理睬他的建议。但这个叫王永志的年轻人并不甘心。他想起了坐镇酒泉发射场的技术总指挥、大科学家钱学森。临发射前，他鼓起勇气走进了钱学森的住处。当时，钱学森还不太熟悉这个小字辈。

可听完了王永志的意见，钱学森眼前一亮，高兴地喊道："马上把火箭的总设计师请来。"钱学森指着王永志对总设计师说："这个年轻人的意见对，就按他的办！"

果然，火箭卸出一些推进剂后，导弹总重减轻，推力节省，原来燃料够不着的射程反而够着了，连打3发导弹，发发命中目标。

从此，钱学森记住了王永志。中国开始研制新一代导弹时，钱学森建议：第二代战略导弹让第二代人挂帅，让王永志担任总设计师。几十年后，总装备部领导看望钱学森，钱学森还提起这件事说："我推荐王永志担任载人航天工程总设计师，没错，此人年轻时就崭露头角，他大胆进行逆向思维，和别人不一样。"

巧治黑心摊主

有一个摆摊卖菜的摊主经常缺斤少两，糊弄人。有一天，一位老大爷来买西红柿，挑了3个到秤盘，摊主称了下："一斤半，3元7角。"大爷说："做汤不用那么多。"去掉了最大的西红柿。摊主又称了一下说："一斤二两，3元。"旁边有人看在眼里，正要提醒老大爷注意秤时，只见老大爷从容地掏出了7角钱，拿起刚刚去掉的那个大的西红柿，说："那这个一定是7角了，我要这个了。"说完拿着西红柿扭头走了。

逆向思维和正向思维本质上是对立统一不可截然分开的，所以以正向思维为参照、为坐标进行分辨，才能显示其突破性。所谓逆向不是简单的、表面的逆向，必须深刻认识事物的本质，真正从逆向中做出独到的、科学的、令人耳目一新的超出正向效果的成果。

二、逆向思维的特点

逆向思维具有普遍性、批判性、新颖性的特点。

(一）普遍性

逆向思维在各种领域、各种活动中都有适用性,由于对立统一规律是普遍适用的,而对立统一的形式又是多种多样的,有一种对立统一的形式,相应地就有一种逆向思维的角度,所以,逆向思维也有无限种形式。如性质上对立两极的转换（软与硬、高与低等);结构、位置上的互换、颠倒（上与下、左与右等);过程的逆转（气态变液态或液态变气态、电转为磁或磁转为电等）。不论哪种方式,只要从一个方面想到与之对立的另一个方面,都是逆向思维。

（二）批判性

逆向是与正向比较而言的,正向是指常规的、公认的或习惯的想法与做法。逆向思维则恰恰相反,是对传统、惯例、常识的反叛,是对常规的挑战。它能够克服思维惯性,破除由经验和习惯造成的僵化认识模式。

（三）新颖性

循规蹈矩的思维和按传统方式解决问题虽然简单,但容易使思路僵化、刻板,摆脱不掉习惯的束缚,得到的往往是一些司空见惯的答案。其实,任何事物都具有多方面的属性。由于受过去经验的影响,人们容易看到熟悉的一面,而对另一面却视而不见。逆向思维能克服这一障碍,往往能出人意料,给人以耳目一新的感觉。

第二节　逆向思维的类型

一、反转型逆向思维

反转型逆向思维是指从已知事物的相反方向进行思考,产生发明构思的途径。

反转型逆向思维常常从事物的功能、结构、因果关系等方面进行反向思维。它打破了线性思维的指向性,将其思维方向进行逆转和颠覆,以开辟一种新的思考方向和化解问题的途径。

（一）原理逆向

原理逆向就是从事物原理的相反方向进行的思考。

案例 5-3

温度计的诞生

意大利物理学家伽利略曾应医生的请求设计温度计,但屡遭失败。有一次他在给学生上实验课时,注意到水的温度变化引起了水的体积变化。这使他突然意识到:

倒过来由水的体积变化不也能看出水的温度变化吗？循着这一思路，他终于设计出了当时的温度计。

（二）功能逆向

功能逆向就是按事物或产品现有的功能进行相反的思考。

吸尘器的发明

1901年，伦敦举行了吹尘器的表演，它用强大的气流将灰尘吹走。吹尘器除尘后，地面是干净了，可吹起的灰尘却呛得人透不过气来。有一个年轻人由此联想：如果反过来"吸尘"是否可行呢？不久，一个简易的吸尘器诞生了。

（三）结构逆向

结构逆向就是从已有事物的结构方式出发所进行的反向思考。如结构、位置的颠倒和置换等。

新型煎鱼锅

日本有一位家庭主妇，对煎鱼时鱼总是会粘到锅上感到很恼火。有一天，她在煎鱼时突然产生了一个念头：能不能不在锅的下面加热而在锅的上面加热呢？经过多次尝试，她想到了在锅盖里安装电炉丝这一从上面加热的方法，最终制成了令人满意的煎鱼不粘的新型锅。

（四）属性逆向

属性逆向就是从事物属性的相反方向所进行的思考。

冰 火 锅

冰火锅是重庆火锅的创新，改进了夏天吃火锅存在烫和燥的缺点。

冰火锅的吃法是：将事先准备好的冰块加入煮沸的火锅底料中和着菜品烫着吃。一边吃，冰块一边融化，由于油和冰沸点不同，当食客将菜在煮沸的锅里烫着吃时，锅里还有大块晶莹的冰块。火锅中的冰降低了整体温度，使火锅吃起来不觉得烫嘴。

火锅里加的冰全部是事先用几十味消夏、防暑中药熬制的汤料冷却而成，消除了夏天吃火锅的后顾之忧，而且冰水烫出来的菜品吃起来非常爽口，不易上火。

（五）程序逆向或方向逆向

程序逆向或方向逆向就是颠倒已有事物的构成顺序、排列位置而进行的思考。

变仰焊为俯焊

最初的船体装焊时都是在同一固定的状态进行的，这样有很多部位必须作仰焊。仰焊的工作强度大，质量不易保障。后来改变了焊接顺序，在船体分段结构装焊时将需仰焊的部分暂不施工，待其他部分焊好后，将船体分段翻个身变仰焊为俯焊位置，这样装焊的质量与速度都有了保证。

（六）观念逆向

观念不同，行为不同，收获不同；观念相同，行为相似，收获相同。运用观念逆向，创造性地解决问题。

玩出来的翻译好手

2005年8月，一个叫朱学恒的台湾年轻人，在北京、上海成为轰动一时的新闻人物，他向大陆推销他的"创作共享，天下为公"OOPS（开放式课程计划）。在此之前，他因翻译《魔戒》得到2700万新台币而成为富翁。他还依靠网络和社群的力量，引来全球14个国家超过700人次华人义工的响应，翻译美国麻省理工学院的开放式课程，因此成为第二届台湾Keep Walking梦想资助计划的5位得奖人之一。然而，让很多人诧异的是，朱学恒曾是游戏高手。他为了看懂游戏的英文而学习英语，最终，这个游戏高手"用英文演讲都不是问题"。而他为了在游戏中过关斩将拿高分，于是追本溯源翻阅各类型的魔幻小说英文原版书，抱着词典一本本"啃"下来，结果又成了一位翻译好手。无论是把游戏当作职业的张丹青、王蛟，还是已经开创自己事业的朱学恒；无论是新职业的出现，还是相关部门对待网游的态度的根本性改变，不可否认的是，这些行为，已经在无形地影响着人们对成才观念的思考。而这样的思考，无疑是社会的一种进步。

凤尾裙与无跟袜

某时装店的经理不小心将一条高档呢裙烧了一个洞，致使其无法出售。如果用织补法补救，也只是蒙混过关，欺骗顾客。这位经理突发奇想，干脆在小洞的周围又挖了许多小洞，并精心修饰，将其命名为"凤尾裙"。一下子，"凤尾裙"销路顿开，该时装店也出了名。逆向思维带来了可观的经济效益。无跟袜的诞生与凤尾裙异曲同工。因为袜跟容易破，一破就毁了一双袜子，商家运用逆向思维，成功试制无跟袜，创造了非常好的商机。

二、转换型逆向思维

转换型逆向思维是指在研究问题时，由于解决这一问题的手段受阻，而转换成另一种手段，或转换思考角度思考，以使问题顺利解决的思维方法。它要求人们不拘泥于传统，从思维的教条中解放出来。这种"不合理中的合理因素"往往能成为出奇制胜的关键。

畅销的手帕

某家手帕厂生产的锦缎白手帕，一段时间以来销路很差，库存积压达30万条之多。销售部经理想：手帕除了实用功能外，还有美化功能，而市场上没有一家手帕厂是以美化功能定位的，我们为何不能来一个突破呢？于是，他让车间将库存的30万条手帕进行再加工，在上面印上图案，配上说明书，然后投放市场，结果大受欢迎，滞销的手帕反而成了畅销品。

甘罗拜相

秦王嬴政年幼时，虽称为王却无实权，国家的命运操纵在吕不韦的手上。甘罗的爷爷原本也是朝中丞相，因某事得罪了吕不韦而被刁难。吕不韦限他于八天之内送上公鸡蛋，否则将受罚遭杀。爷爷归家愁眉不展，小甘罗问明情况后说："爷爷不必忧愁，我自有妙计。"第八日，甘罗不慌不忙地替爷爷上朝去了。朝中众人见来了位乳臭未干的小童，甚觉怪异，互相议论嘲笑着。甘罗却处之泰然："我虽不是朝廷中人，但此次是专程来替爷爷请假的，因为我爷爷今天在家生小孩，故不能上朝。"众人一听不禁哈哈大笑："男人怎么能生孩子，简直是无稽之谈。"甘罗莞尔一笑："既然男人不能生孩子，那么公鸡又岂能生蛋？"王臣上下无不惊叹于甘罗的聪明才智。吕不韦本欲置甘罗爷爷于死地，想不到其孙子更厉害，便假意赞叹，而于心中又思计谋。当时正好需要人才出使敌国谈判，否则将起战争。吕不韦就委派甘罗出使并许诺事成之后封他为上卿。甘罗以惊人的智慧圆满地完成了使命，令敌我双方握手言和。

三、缺点逆向思维

缺点逆向思维是一种利用事物的缺点，将缺点变为可利用的东西，化被动为主动,化不利为有利的思维方法。它是利用事物的不同状态特点,甚至利用其缺陷和不利因素来寻求具体问题的解决方法。这是一种化腐朽为神奇的思维方式,在最大程度利用有限资源的同时,提升了处理问题的水平和质量。它不仅是一种思维模式,更是一种独特的智慧。

这种方法并不以克服事物的缺点为目的;相反,它是化弊为利,找到解决方法。

按摩背包

由于要随身携带教科书和笔记本电脑等物件,大学生的背包重量一般都不轻,所以经常会引起使用者背部和脖颈酸痛。在解决这一难题时,新秀丽公司的研发团队想方设法地使背包的重量转变为优势,而不是像其他公司那样给背包带增加衬垫。他们改变了背包带的形状,使之与人体肩部保持舒适的贴合状态,利用背包带上添加的"按压点",让使用者产生一种类似于接受按摩的感觉。背包越重,按压感就越强烈,缓解肩颈酸痛的效果也就越明显。

第三节 逆向思维与发明原理

逆向思维广泛应用于创新领域。在发明问题解决理论(TRIZ)中我们可以找到很多应用逆向思维的方法和工具,例如,在 TRIZ 的基础创新工具集"40 个发明原理"中就有多个应用反转型、转换型、缺点逆向思维的原理。下面列举两个典型的原理。

一、反向作用原理

反向作用原理是 TRIZ 40 个发明原理中的第 13 号原理,属反转型逆向思维的方法。这一原理有 3 条注释:

(1) 不用常规的解决方法,而是反其道而行之,逆向思维。

巧克力酒糖的制作

酒糖是指把各种佳酿名酒融注于糖果之中,使糖的气质与酒的醇香浑然一体,相得益彰。酒糖营养丰富,具有热量高、易被人体吸收等特点,一直被人们视为糖果中的佳品,素有"糖中之王"的美称。酒糖源自于欧洲,1918 年由哈尔滨进入中国。同时随着秋林公司的成立,中国人开始掌握制作酒糖的技术。

市场上常见的酒糖是以巧克力制作成酒瓶状糖衣,糖心从洋酒到传统白酒,兼容并包,受到广大消费者的喜爱。但是,如果按常规工艺,需先制作巧克力外壳,注入酒后再将注口封上,比较麻烦。运用逆向思维,不是先制作巧克力外壳,而是先冰冻酒心,后加巧克力外壳,工艺得到了简化。

(2) 使物体或外部介质的活动部分变成不动的,而使不动的成为可动的。

让路跑起来

跑步时路是不动的,人在路上跑动。跑步机(见图5-1)将其颠倒过来:"路"是动的,而跑步者相对不动。

图 5-1　跑步机

(3) 使物体运动的部分颠倒。

上喷型自来水水龙头

我国发明了一种可以向上喷水的水龙头(见图5-2),能够自由转换出水方式,轻松调节喷水高度。当你洗脸时,喷泉般的水流喷洒在你的面部,轻柔地按摩、舒缓你的肌肤……刷牙、漱口可以不用口杯,水流直接入口,避免了细菌在口杯中滋生,危害健康。在过去的面盆龙头下洗手,小孩够不到,大人要弯腰,上喷水龙头改变了这一切。这种水龙头最大的好处就是节水,比一般的下出水龙头要节水75%。节水的关键是它可以喷起来,出水量很小。下出水龙头出水量按国家标准1分钟是12千克,上喷水龙头出水量每分钟只有 3 千克。用下出水龙头洗脸一般要用半分钟时间,这样耗水量是 6 千克,但是我们真正能捧起来洗脸的水还不到 1 千克,很多水其实是白白浪费了。而用上喷水龙头洗脸,水就直接冲到脸上,半分钟出水量只有 1.5 千克。

图 5-2　向上喷水的水龙头

二、变害为利原理

变害为利原理是 TRIZ 40 个发明原理中的第 22 号原理。这一原理应用缺点逆向思维。TRIZ 对变害为利原理的解释是:

(1) 利用有害的因素(特别是对环境的有害影响)来取得有益的效果。

秸秆上长出幸福菇

秸秆处理是农民种地最头疼的事,回收费力价值又不高。最简单的办法就是焚烧,但焚烧会污染空气,产生大量温室气体,还极易引起火灾。

1959 年出生于安徽肥西县丰乐镇的丁伦保,1983 年 7 月从安徽农业大学园艺系毕业后,回到家乡租了几间空房种蘑菇,开始了艰难的创业路。众所周知,种植蘑菇等食用菌不但需要棚舍,还需要大量锯末或木屑,一是成本较高,二是浪费木材。

2007 年,合肥市发布秸秆禁烧令。这给了丁伦保一个新的创意启发:如何尝试用秸秆种植蘑菇,带领农户进行秸秆产业化开发,岂不是一件惠及子孙的大好事? 在安徽农业大学陶教授的帮助下,经过 4 年反复驯化试验,丁伦保发现有一种红褐色的食用菇在经过改良后,非常适应原始自然环境,直接在空地上长出来的蘑菇的品相、个头和大棚里的没什么区别,只是有阳光照晒颜色会淡一些。于是,像发现宝贝一样的丁伦保给自己的蘑菇取了个好听的名字——幸福菇。这个品种的蘑菇抗病能力强,栽培原料采用稻草(壳)、油菜秸、麦秸、亚麻秆、玉米秸、树枝等。可以直接使用秸秆种植,连粉碎、消毒的工序也省下了,不需要任何辅助设备,甚至只要在房前屋后随意开辟一块田地或在树林下,都可以套种幸福菇。农民种完水稻、油菜后,再也不用发愁秸秆怎么处理了,直接撒上菌种,就可以长出几季蘑菇。栽培后的下脚料还可以直接还田,转变为农作物的天然有机肥料。

权威机构检测表明:幸福菇蛋白质及钙、磷、铁含量丰富,并富含人体必需的8种氨基酸。因此,幸福菇属于营养全面的菇类,长期食用可以提高人体免疫力。同时该菇类含有较强的抗癌活性物质,是生物制药的最佳原料。幸福菇不仅可鲜食,更能凉干加工成其他食品,市场潜力巨大。

(2) 将一有害因素与另一有害因素结合,抵消有害因素。

这其实就是我们常说的以毒攻毒,一物降一物。如果系统里有一个有害的因素我们无法避免,那么可以引入另外一个有害的因素来抵消它,达到消除有害作用或者大大降低有害作用的目的。

中医蜂疗

房柱是我国蜂疗发起人,开创了中西医结合现代蜂疗研究和临床应用。蜂毒中含有多肽和酶类等有效成分,具有直接和间接抗炎止痛作用,还可以调节免疫能力,加强免疫抑制作用,改善血液循环,增加末梢血液供应,增强心、脑、肝、肾生理功能及其局部经络和物理作用。其中主要是抗炎止痛和免疫调节两项。从中医角度看,蜂毒进入人体以后,能活血化瘀、消肿止痛、通经活络、祛风散寒。另外,蜂针刺入穴位,有针刺穴的机械性刺激,又有蜂毒的药理作用。蜂蛰后局部的红肿反应,还有类似温灸的治疗效应(见图5-3)。所以,蜂针治疗同时具备了针刺、温灸、药物治疗的多种

图 5-3 中医蜂疗

功效,是其他方法无可比拟的。

(3)提高有害运作的程度以达到无害状态。

风力灭火器

扑灭火灾时消防队员使用的灭火器中有风力灭火器(见图5-4)。一般情况下,风是助长火势的,特别是当火比较大的时候。但在一定情况下,风可以使小的火熄灭而且相当有效。风吹过去温度降低,空气稀薄,火就被吹灭了。其道理就像我们用嘴吹炉火会吹旺,但吹蜡烛则会轻易吹灭烛火。

图 5-4 风力灭火器

第四节 培养逆向思维的途径

一、辩证分析

如前所述,正向思维和逆向思维反映了矛盾的对立统一规律。因此,我们可以从矛盾的对立面去思考问题。任何事物都是矛盾的统一体,如果我们从矛盾的不同方面去引导逆向思维,往往能认识事物更多的方面。

二、反向逆推

反向逆推,探讨某些命题的逆命题的真假。

三、运用反证

反证法是正向逻辑思维的逆过程,是一种典型的逆向思维。反证法是指首先假设与已知事实和结论相反的结果成立,然后推导出一系列和客观事实、原理和规律相矛盾的结果,进而否定原来的假设,从而更加有力地证明已知事实和结论的正确性。

四、执果索因

执果索因是指改变解决问题时的惯用思路,从果到因,从答案到问题。而创新是先明确问题,然后寻找答案,可以称为"形式为先,功能次之"。

1992年,心理学家罗纳德·芬克、托马斯·沃德和史蒂芬·史密斯首次提出了"形式为先,功能次之"这一概念。他们发现,人会沿着两个方向进行创造性思考:一是从问题到答案;二是从答案到问题。研究结果表明,人们更善于在一个已知的形式里寻找其功能(从答案出发),而不太善于从一个已知的功能中建立形式(从问题出发)。

假设你面前有个婴儿奶瓶,你被告知这个奶瓶会随牛奶的温度而改变颜色。如果问你这个功能的意义何在,你也许会和大多数人一样,很快回答说:这可以避免牛奶温度过高烫到婴儿。那么,请再设想一下相反的问法:你如何让牛奶的温度改变奶瓶的颜色?你得花多长时间才能回答这个问题,发明出随温度的改变而变色的奶瓶?

逆向思维练习

(1)训练目的:通过反向作用原理的应用,培养逆向思维能力。

(2)训练内容:以小组为单位,随机选取身边的某项事物,有形的、无形的、学习中的、生活中的均可,进行逆向思维练习,提出具体的设想或方案。

(3)训练步骤:

①随机选取某项事物,提出它存在的问题;

②寻找解决这类问题的一般方法;

③将一般方法进行逆向思考;

④提出具体的设想或方案。

缺点逆向思维练习

(1)训练目的:克服事物的缺点,化弊为利,找到解决方法。

(2)训练内容:按照训练一的方式进行缺点逆向思维练习。

(3)训练步骤:

①随机选取某项事物;

②运用发散思维尽可能地列举缺点;

③进行缺点逆向思考;

④提出具体的设想或方案。

第六章　想象思维

(1) 知识目标：了解想象思维的含义、特点、作用及类型，理解无意想象与有意想象，掌握想象思维的认知加工方式。

(2) 技能目标：掌握想象的基本方法，提高想象思维能力。

(3) 体验目标：培养想象思维的意识，学会善于想象，经常想象。

创新的本质是"无中生有""已有创无"。创新的过程除运用联想思维发现看似无关事物间或多或少的内在联系外，更需要将思维从相关延伸到无关的能力——想象力。

第一节　什么是想象思维

老树与宣纸

蔡伦是造纸术的发明者。他有一个徒弟叫孔丹，孔丹非常敬重他的师父蔡伦。他很想造出一种又白又好保存的纸来为师傅画像。于是，这件事成了他的心事，无论走到哪里，他都会留心是否能发现什么新材料，可以造出理想的好纸。功夫不负有心人。一天，他在山里砍柴，看到溪流中有一棵古老的檀树，由于时间很长了，树皮被流水浸泡冲刷，已经腐烂了，但是变得很白。孔丹茅塞顿开，不由得浮想联翩。他开始了想象：这样的树皮，按照它的质地，可以分离出一缕缕洁白、柔韧的纤维来，对它再加工，就可以制成又白又薄又吸水又富于韧性的白纸。他头脑中想象的波澜，使他仿佛已经亲眼见到了这种理想中上等白纸的具体形象。同时，想象也给了他鼓舞和力量，他返回家后便立刻着手设计和试验。经过反复试验，他终于用檀树皮制造出了洁白如玉、久不变色、至今仍在世界上享有美誉盛名的宣纸。

一、想象思维的含义

想象思维是大脑通过形象化的概括作用，对大脑内已有的记忆表象进行加工、改造或重组的思维活动。想象能够冲破时间和空间的限制,而"思接千载""视通万里"。想象思维可以说是形象思维的具体化,是人脑借助表象进行加工操作的最主要形式,是人类进行创新及其活动的重要的思维形式。爱因斯坦说:想象力比知识更重要,因为知识是有限的,而想象力概括着世界上的一切,推动着进步,并且是知识进化的源泉。想象能力是创造性思维能力的核心,人类一旦失去了想象力,创造力也就随之枯竭了。

最早提到想象思维的是古希腊的亚里士多德。他在《心灵论》中说:"想象和判断是不同的思想方式。"古罗马时代的裴罗斯屈拉塔斯也曾说过,想象"是用心来创造形象"。文艺复兴时期的美学家和文艺理论家差不多都谈到了想象。例如,马佐尼把想象看成是"制造形象的能力"。培根在《论学问》中认为人类的认识能力有三种:记忆、想象和理智。17世纪的新古典主义者虽然强调理性,但也并不全部否定想象。18世纪的启蒙运动者,更把想象与感情结合起来,看成是文艺天才的一种特殊才能。英国经验派进一步从生理学和心理学的角度对想象作了深入细致的探讨。德国古典美学的奠基人康德把想象力与理解力的自由和谐看成是审美活动的基本特点之一。黑格尔也很重视想象,他说:"最杰出的艺术本领就是想象。"

二、想象思维的特点

想象思维具有形象性、概括性、新颖性和超越性等特点。

1. 形象性

想象是通过对已有记忆表象进行加工而再造或创造新形象的过程,它加工的对象是形象信息,而不是语言或符号。例如,我们读文学作品中对人物或事物的描写,头脑中就会出现这个人物或事物的形象;听到天气预报就会想象相应的天气状况。想象思维的形象性,使它不同于逻辑思维,想象思维的过程和结果丰富多彩、生动活泼、直观亲切。

2. 概括性

想象思维是以形象的形式进行的,因而具有概括性。例如,把地球想象成鸡蛋,地壳是蛋壳,地幔是蛋白,地核是蛋黄,非常概括。科学家把原子结构想象成太阳系,原子核是太阳,核外电子是行星,围绕原子核高速旋转。

3. 新颖性

想象思维中出现的形象是新的,它不是表象的简单再现,而是在已有表象的基础上加工改造的结果。

4. 超越性

想象思维中的形象源于现实但又不同于现实,他是对现实形象的超越,正是借助这种对现实的超越,我们才产生了无数发明创造。

三、想象思维的作用

(一)想象在创新思维中的主干作用

创造性思维要产生具有新颖性的结果,但这一结果并不是凭空产生的,要在已有的记忆表象的基础上,加工、改组或改造。创造活动中经常出现的灵感或顿悟,也离不开想象思维。

著名物理学家普朗克说:"每一种假设都是想象力发挥作用的产物。"巴甫洛夫说:"鸟儿要飞翔,必须借助于空气与翅膀,科学家要有所创造,则必须占有事实和开展想象。"以上名言充分说明了想象在创造性思维中起主干作用。

案例6-2

望 梅 止 渴

三国时期,有一次,曹操带着军队去打仗。当时,烈日炎炎,附近又没有水源,士兵们都口干难耐,满头大汗,精疲力尽,人人都走不动了,行进的速度越来越慢。曹操见状,非常着急。忽然他想出一个主意,举起马鞭,向前方一指,对士兵们说:"看!前边不远有一片梅林,结的梅子个儿都挺大,赶到那里咱们好好休息吧。"士兵们一听,想起那又甜又酸的梅子,口水直流,也不觉得口渴了,都来了精神,加快步伐,很快走到了有水的地方。

(二)想象在创新思维中的主导作用

大哲学家康德说过:"想象力是一个创造性的认识功能,它能从真实的自然界中创造一个相似的自然界。"

在无数发明创造中,我们都可以看到想象思维的主导作用。发明一件新的产品,一般都要在头脑中想象出新的功能或外形,而这新的功能或外形都是人的头脑调动已有的记忆表象,加以扩展或改造而来的。就好像工程师要建楼,没有图纸就不知道该怎样下手,我们有目的地进行创造活动,就好像要在头脑里画好这样一张图纸,先把头脑中已有的记忆表象调动出来,再运用自己的想象选择加工,最终图画好了,我们所需要的结果就清晰地呈现在脑海里,创新的目的就达到了。

那么,如何发挥自己的想象力呢?德国的一名学者曾经说过这样的话:"眺望风景,仰望天空,观察云彩,常常坐着或躺着,什么事也不做。只有静下来思考,让幻想力毫无拘束地奔驰,才会有冲动。否则,任何工作都会失去目标,变得烦琐空洞。谁若每天不给自己一点做梦的机会,那颗引领他工作和生活的明星就会暗淡下来。"

韩信画兵

韩信是我国历史上有名的将领。有一天,刘邦想试一试韩信的智谋。他拿出一块五寸见方的布帛,对韩信说:"给你一天的时间,你在这上面尽量画上士兵。你能画多少,我就给你带多少兵。"站在一旁的萧何想:"这一小块布帛,能画几个兵?"急得暗暗叫苦,不想韩信毫不迟疑地接过布帛就走。第二天,当韩信将布帛交给刘邦的时候,刘邦只是看了一眼,就很高兴地称赞韩信确实是个难得的将才,并且让他做了自己军队的元帅。

请你猜一猜,韩信到底在布帛上画了多少士兵,才使得刘邦高兴地封他做元帅呢?

其实,韩信并没有在布帛上画士兵,而只是画了一座城楼,然后又在城楼上画了一面"帅"字的大旗而已。虽然画面上并没有千军万马,可有"帅"字在此,不就是有了千军万马吗?

(三)想象在创新思维中的灵魂作用

精神生活对个人是很重要的。一个精神生活丰富的人,对生活常有感悟,便能更多地领略到生活的情趣与美,而人的精神生活是否丰富多彩,主要是看想象力是否丰富。

如欣赏艺术家的作品,要想解读作品的内涵,领略作品的美,就必须借助想象力来完成。想象力越丰富,则能感受到的美感就越多,对作者的认同感就越强,即产生了共鸣。比如读李清照的词:"梧桐更兼细雨,到黄昏,点点滴滴。这次第,怎一个愁字了得。"你能感受到词中透出的那丝丝凄凉吗?

罗丹的雕像

法国大雕塑家罗丹(1840—1917年)走进一座艺术博物馆,锐利的目光被一座雕像所吸引。

这座雕像取材于13世纪的一段史实:意大利比萨的君主乌谷利诺十分残暴,人民对他恨之入骨,后来终于把他打倒。起义者为了让他尝尝饥饿是什么滋味,把他和他的儿子一同囚禁在一座荒山的高塔里,不给吃喝,最后他们活活饿死在塔内。

18世纪法国著名的雕像家加尔波,就创作了一座表现他们挨饿而死的雕像,他着力刻画乌谷利诺挨饿的恐怖情状:乌谷利诺的两个儿子已饿死在他身旁,他肝肠寸断,一只手压着肚子另一只手拼命在空中挥舞,似乎在呼救。

罗丹全神贯注地看了一会,不无遗憾地摇摇头,自言自语道:"啊!加尔波大师糟蹋了这一本来可以使人惊心动魄的素材。"

罗丹的学生在一旁说："老师，那么怎样处理这一素材，才能使人惊心动魄呢？"

罗丹沉思了一会说："我决定重新创作一座雕像。"后来，在人们面前出现了这么一座塑像：

乌谷利诺的一个儿子刚刚断气，另一个还在挣扎，他的一只手死命地抓住父亲的胳膊，头仰着，似乎在作凄厉的喊叫，而乌谷利诺则充耳不闻，屈着身子，伏在已死的那个儿子身上，正准备低下头去以儿子的尸肉充饥，但似乎又下不了口。他那瘦削的脸在抽搐，好像内心在作剧烈的斗争——兽性和人性的斗争。这个野兽一样极其残暴的人，什么事都干得出来，以亲生儿子未寒的尸肉充饥，符合他的性格。但他又毕竟是人，多少还有点人性，所以在下口之前，又有一番犹豫，这也是符合情理的。

罗丹的学生见了老师的新作，比较了一下加尔波的作品，评论说："是的，罗丹老师的作品确实超过了加尔波的作品，因为加尔波只揭示了局部的真实，而罗丹老师则刻画了暴君乌谷利诺这样一个人在特定环境中人性与兽性的斗争，因而具有震撼人心的艺术感染力。"

第二节　想象思维的种类

一、无意想象

无意想象是事先没有预定的目的，不受主体意识支配的想象。无意想象是在外界刺激的作用下，不由自主地产生的。例如，人们观察天上的白云时，有时把它想象成棉花，有时想象成仙女，有时又想象成野兽等；人们在睡觉时做的梦，精神病患者在头脑中产生的幻觉等，这些都是无意想象。无意想象可以导致灵感的产生，但无意想象不能直接创造出新东西，必须借助有意想象。

案例 6-5

无意想象"现"问题

海湾战争期间，美军急需大量用纤维B制成的防弹背心，一个防弹背心就可能挽救一个战士的生命。可是关键时刻生产这种纤维的杜邦公司的机器发生了故障，致使生产停顿。公司上下乱作一团，因为生产每停顿一分钟，公司就会损失700美元，并且战场上的士兵很可能由于没有防弹背心的防护而丢掉性命。工程师们卸开机器检查，但是找不到问题出在哪里。

其中一位叫弗洛伊德·雷格斯戴尔的工程师忙碌了一天后，在夜里做了个梦。

他梦见很多软管、弹簧和水雾化器。一觉醒来后,他在纸上写下"软管""弹簧",仔细琢磨这两个词和自己做的梦,终于想出可能是机器里水冷却,软管的管壁时常收缩导致供水停顿,才使得热继动器中止了整个工作过程。如果在软管里面装上螺旋弹簧,就可以防止其收缩。工程师们按照他的设计思路对机器进行改进,果然奏效。纤维B的生产得以恢复,公司上下一片欢腾,他们庆贺弗洛伊德·雷格斯戴尔的梦为公司挽回了巨额的损失。

二、有意想象

有意想象是事先有预定的目的,受主体意识支配的想象。它是人们根据一定的目的,为塑造某种事物形象而进行的想象活动。这种想象活动具有一定的预见性、方向性。

有意想象可分为再造型想象、创造型想象和幻想型想象。

1. 再造型想象——情境再现

再造型想象是根据他人的言语叙述、文字描述或图形示意,形成相应形象的过程。如读小说、诗歌想象出人物形象和故事情境;建筑工人根据建筑蓝图想象出建筑物的形象;看舞蹈、听音乐想象出的美好画面等。

再造型想象是理解和掌握知识必不可少的条件。再造型想象有一定的创造性,但其创造水平较低。再造型想象的结果与想象者知觉经验积累、认识事物水平、看问题的角度等息息相关。我们常说的"仁者见仁,智者见智""有一千个读者就有一千个哈姆雷特"都是这个道理。

案例 6-6

巧 传 家 书

有个商人在外做生意,他的同乡要回家,于是他就托同乡带 100 两银子和一封家书给妻子。同乡在路上拆开信一看,原来只是一幅画,上面画着一棵大树,树上有 8 只八哥、4 只斑鸠。同乡大喜:信上没写多少银子,我留下 50 两,她也不知。同乡将书信和银子交给商人妻子以后,说:"你丈夫捎给你 50 两银子和一封家书,你收下吧!"商人妻子拆信看过后说:"我丈夫让你捎带 100 两银子,怎么成了 50 两?"那同乡见被识破,忙道:"我是想试试弟媳聪明不聪明。"忙把那 50 两银子还给了商人的妻子。

商人妻子是怎么知道有 100 两银子的呢?原来那幅画的意思是 8 只八哥即八八六十四,四只斑鸠即四九三十六,合起来就是 100,所以商人妻子知道是 100 两银子。商人写信不用文字而用图画,商人妻子读信不是认字而是解画,他们两人使用的就是再造型想象思维。

第六章 想象思维

2. 创造型想象——推陈出新

创造型想象是根据一定的目的、任务,在脑海中创造出新形象的心理过程。它是用已经积累的知觉材料(记忆表象)作为基础进行加工,创造出新形象的过程。

案例 6-7

谁继承家业

有一个富翁已经病入膏肓。他把三个儿子叫到床前,对他们说:"我年龄大了,希望把家业交给你们中的一个人经营,但我不知道谁更聪明?"

接着,富翁分别给了三个儿子 10 元钱,对三个儿子说:"你们各自去买一件东西,所买的东西价格不能超过 10 元,而且要把我们住的整间房子装满。谁装得最满,谁就可以继承家业。"

三个儿子各自拿着钱走了。

半小时后,三个儿子都回来了。大儿子扛着一棵大树对父亲说:"我买回一棵茂密的大树,可以装满房间。"

富翁听了,微笑着摇了摇头。

二儿子说:"我花 5 元钱买了一车草回来,可以装满整个房间。"

富翁还是摇了摇头。

唯独小儿子好像什么都没买。富翁问他买了什么,小儿子什么也没说。到天黑时,大家都认为小儿子的东西确实装满了整间房子。而且,小儿子只花了 2 角 5 分钱!

富翁笑了,他把自己的家业传给了聪明的小儿子。

你猜到小儿子买的是什么了吧?对,是蜡烛。蜡烛的光可以装满整间房子!故事中三个儿子都进行了创造想象,但显然小儿子的想象思维更具创新性。

3. 幻想型想象——无中生有

幻想型想象是与生活愿望相结合并指向未来的想象。巴尔扎克说过:"想象是双脚站在大地上行进,他的脑袋却在腾云驾雾。"幻想型想象可分为理想和空想:理想是符合事物发展规律,有实现可能的积极的幻想;空想是与客观现实相违背的消极的幻想。

幻想型想象是创造型想象的特殊形式,二者的区别:一是幻想型想象所形成的形象,总是和个人的愿望相联系,并体现个人所向往、所祈求的事物,而创造型想象所形成的形象则不一定是个人所向往的形象;二是幻想型想象与当前的创造性活动没有直接联系,幻想型想象无法创造出当前的物质产品或精神产品,而是指向未来活动,但又常常是创造性活动的准备阶段。

科幻小说的启示

1861年,被人们称为"科幻小说之父"的法国著名作家儒勒·凡尔纳,曾在一部小说里描绘了以下景象:美国的佛罗里达州将设立一个火箭发射站,火箭从这里发射,飞往人们心仪已久的月球,他还具体描述了飞行员在宇宙飞船中失重的情景。

天下之大,无奇不有。刚好过了100年,到1961年,美国真的在佛罗里达州发射了人类第一艘载人宇宙飞船。而且宇航员在太空的许多失重情景,竟和凡尔纳在小说中描写的一样。不仅如此,直升机、雷达、导弹、坦克、电视机等,也都在凡尔纳的小说中有了雏形。第二次世界大战初期,德国人制造的潜水艇,与凡尔纳小说中描绘的相差无几。第一个把宇宙飞船送上天空的俄国科学家齐奥尔科夫斯基,也是从凡尔纳的小说《从地球到月球》里得到启示的。凡尔纳所写的科幻小说,通过神奇无比的想象、无与伦比的精确预示,一百多年来给无数青少年和科学家以启迪。

第三节 提高想象思维能力

一、想象思维的认知加工方式

想象思维的认知加工方式有四种:黏合、夸张、人格化和典型化。

1. 黏合

黏合即组合,就是把不同记忆表象的一些组成部分或因素抽取出来,组合在一起,构成具有自己的结构、性质、功能与特征的能独立存在的特定事物新形象的思维加工方式。如《西游记》中猪八戒的形象。

旱冰鞋的产生

英国有个叫吉姆的小职员,整天坐在办公室里抄写东西,常常累得腰酸背痛。他消除疲劳的最好办法,就是在工作之余去滑冰。冬季很容易就能在室外找个滑冰的地方,而在其他季节,吉姆就没有机会滑冰了。怎样才能在其他季节也像冬季那样滑冰呢?对滑冰情有独钟的吉姆一直在思考这个问题。想来想去,他想到了脚上穿的鞋和能滑行的轮子。吉姆在脑海里把这两样东西的形象组合在一起,想象出一种"能滑行的鞋"。经过反复设计和试验,他终于制成了四季都能滑行的旱冰鞋。

2. 夸张

夸张就是对客观事物形象中的某一部分进行改变，突出其特点，从而产生新形象。如漫画中的人物形象、神话中的千手观音形象、童话中大人国和小人国的形象等，都是使用了夸张的认知加工方式而形成的。

苏东坡与苏小妹

苏东坡的妹妹苏小妹是一个虚构的人物。故事中苏氏兄妹互相对诗嘲戏，妙趣横生。苏东坡是个大胡子，苏小妹写诗嘲道：几回口角无觅处，忽听毛里有声传。相传苏小妹是门楼头，即前额突出。苏东坡就说：未出门前三五步，额头已至画堂前。苏东坡的脸长，苏小妹就回敬道：去年一滴相思泪，至今流不到腮边。苏小妹眼窝微陷，苏东坡就抓住这一点，写诗道：几次拭泪深难到，留却汪汪两道泉。

3. 人格化

人格化就是对客观事物赋予人的形象和特征，从而产生新形象。如《西游记》中孙悟空的形象，动画片中米老鼠、唐老鸭的形象等。

TRIZ 中的小人法

TRIZ 是当今最优秀的创新方法之一。为了克服思维惯性，寻找解决矛盾问题的思路，TRIZ 提供了很多实用高效的分析方法，如金鱼法、STC 算子法、九屏幕法等。小人法就是其中之一，是 TRIZ 运用人格化想象进行问题分析的富有特色的创新工具。

小人法名称来源于俄罗斯"聪明的小矮人"的童话故事。TRIZ 将具有一定结构、一定功能的事物称为"系统"，当系统内的某些组件不能完成其必要的功能，并表现出相互矛盾时，用一组"小人"来代表这些不能完成特定功能的部件，通过能动的"小人"，实现预期的功能。然后，根据小人模型对结构进行重新设计。

应用小人法，可以通过丰富的想象，将看似不能活动的部件活动起来，看似不能拆分的结构拆分开来，看似不能弥补的缺陷动态地弥补起来，从而创造性地获得解决问题的方案。

我们来看一个传统的实例。矿山作业时，曾经需要进行一系列的爆炸工序，起初的 2 分钟内要完成 10 次爆炸，矿工通常用传爆管手动接通电路。但之后需要连接更多接点，并且接通的最小时间间隔为 0.6~1 秒，手工接通很难完成。

有人提议：将接点置于圆柱体内，用一个金属球依次接通接点。但是当球滑过或者球被卡住时，接点就不能正常接通。怎么办？

为了解决这个问题,运用小人法,将接点和金属球想象为两组能动的智能小人,当金属球"小人"向下运动时,能自动紧密地与接点"小人"结合,由此经过一系列的转化和改进,最后将爆破装置制成接点自上而下逐渐收缩,而金属球改由一系列由大到小、能与接点对应的金属圆环形状,成功地解决了难题。

4. 典型化

典型化就是根据一类事物的共同特征来创造新形象。如小说中的人物形象就是作家综合了许多人的特点后创作出来的。

祥 林 嫂

《祝福》是鲁迅先生写的反映旧中国劳动妇女被封建礼教压榨的典型短篇小说。通过祥林嫂的悲剧,反映了地主阶级、封建礼教对劳动妇女的摧残和迫害。在祥林嫂身上充分体现了当时旧中国农村中勤劳善良、质朴、顽强、生活艰辛的劳动妇女的典型形象。

二、增强想象思维能力的途径

1. 丰富表象积累

表象是再现于大脑中被感知的客观事物的形象,它是想象的现实依据。心理学研究表明:一个人记忆表象储备越多,他所展开的想象内容越丰富。想象无非是扩大和组合的记忆。扩大我们的视野正是丰富表象积累的重要途径,因为人对事物的认识是从感知事物开始的,只有开阔视野,才能接触鲜活的事实和知识,才能更多更好地感知多姿多彩的大千世界,储备丰富的记忆表象。

开阔视野有两种途径:一是开阔生活视野,留心观察和体验生活,留心各种各样的人和事,通过观察、调查、采访等方式采集大量的现象和事实,丰富作为想象原材料的表象;二是开阔阅读视野,多读各类书籍,积累生活的间接经验,丰富表象积累。

2. 强化创新意识

人们的目的和需要决定了人们的思维积极性和活跃性,只有我们有较强的创新目的和创新需求,才能使我们的创新活动更有效率。

要想强化创新意识,就要鼓励求异,克服思维的惰性和惯性。

3. 训练想象能力

(1) 再造型想象训练。训练再现的想象能力。如:先给出基础材料,然后调动已有的知识和表象积累,对材料进行想象,从而创造出一种源于材料又不同于材料的意象。

(2) 创造型想象训练。训练解决现实问题的想象能力。如:给出某一具体目标或功能,想象如何实现这一目标或功能。

(3) 幻想型想象训练。训练超现实的或面向未来的想象能力。如:想象一次火星旅行的经历。

想象能力是青少年的一种宝贵品质。但一个人必须把幻想和现实结合起来,并且积极地投入实际行动,以免幻想变成永远脱离现实的空想。同时,一个人还应当把幻想和良好愿望、崇高理想结合起来,并及时纠正那些不切实际的幻想和不良愿望。

放松体验训练

(1) 训练目的:训练再造型想象思维能力。

(2) 训练步骤:准备一些"情境描写"的标签,然后学生以抽签形式表演抽到的情境内容。可以由老师准备标签同学们抽取,也可以在小组间进行。

标签示例:小小还不会说话,我们给他买了一串气球挂在屋里,气球不停地飘动,他就冲着气球"啊啊"地叫,还不时蹬动着两条粗粗的小腿。过了一会儿,只听"啪"的一声,气球爆了。小小吓了一跳。

第三篇 创新技法
DISANPIAN

第七章　头脑风暴法

(1) 知识目标:理解头脑风暴法的原理和使用原则,掌握头脑风暴法实施的基本步骤。

(2) 技能目标:能独立地组织实施头脑风暴。

(3) 体验目标:感受团队协作激励思维的力量,梳理团队创新的意识。

倘若你有一个苹果,我也有一个苹果,而我们彼此交换这些苹果,那么你和我仍然各有一个苹果。但是,倘若你有一种思想,我也有一种思想,而我们彼此交流这种思想,那么我们每个人将各有两种思想。

——萧伯纳

第一节　什么是头脑风暴法

头脑风暴法的由来

20世纪30年代的一天,20岁的穷困潦倒的美国青年奥斯本怀揣一篇论文,来到一家广告公司应聘。公司老板一看,论文中用词不当的地方比比皆是,实在看不出作者有熟练的写作技巧。老板把论文给各部门经理传阅,没有一个部门经理愿意聘用奥斯本。

但老板还是决定聘用奥斯本3个月,因为他从论文中,看到了许多创造性的火花。试用期内,奥斯本每天提出一项革新建议,其中不少在公司中发挥了重大作用。

1938年,奥斯本已是纽约BBDO广告公司的副经理,这一年,他首次提出了一种激发创造性思维的方法——头脑风暴法。头脑风暴法奠定了创造学的基础,奥斯本被人们尊称为"创造学之父"。

1941年,奥斯本出版《思考的方法》,此书被誉为创新学的奠基之作。

1958年,奥斯本出版《创造性想象》,发行了1.2亿册,曾一度超过《圣经》的销量。

一、头脑风暴法的含义

当一群人围绕一个特定的兴趣领域畅所欲言、互相启迪、产生新观点的时候，这种情境就是头脑风暴法的运用。由于无拘无束，人们就能够更自由地思考，进入思想的新区域，从而产生很多新观点和新方法。

头脑风暴法又称智力激励法、BS法、自由思考法，是一种通过充分激励参与者的思维而进行"交换思想"的方法，是集体实施的水平思维（自由发言阶段）＋垂直思维（专家评判阶段）的方法。该方法由美国"创造学之父"奥斯本首次提出。

以下两点有助于加深对头脑风暴法的理解：

（1）头脑风暴法是一个团体试图通过聚集成员自发提出的观点，为一个特定问题找到解决方法的会议技巧。

（2）头脑风暴法是使用一系列激励和引发新观点的特定的规则和技巧。这些新观点是在普通情况下无法产生的。

"头脑风暴"原指精神病患者头脑中短时间出现的思维紊乱现象。奥斯本借用这个概念来比喻思维高度活跃，以打破常规的思维方式，通过无限制的自由联想和讨论而产生大量创造性设想的状况。头脑风暴法的目的是激发人类大脑的创新思维，产生出新的想法、新的观念。

头脑风暴法通过特定会议的形式对某一问题进行讨论，与会者在没有约束的情况下自由地联想和想象，信息互补、思维共振，敞开思想使各种设想在相互碰撞中激起思维的创造性风暴，从而产生大量创造性的新观点和解决问题的方法。

当参加者有了新观点和想法时，他们就大声说出来，然后在他人提出的观点之上建立新观点。所有的观点都被记录但不进行批评。只有头脑风暴会议结束的时候，才对这些观点和想法进行评估。

案例 7-2

飞 机 扫 雪

美国的北方冬天十分寒冷，尤其是进入 12 月之后，大雪纷飞。因为大雪经常会压断线缆，严重影响当地的通信设备。而因地域广阔且地形复杂，人力除雪困难重重。为了解决这一难题，人们想出了各种各样的办法，但都不理想。

一家电信公司的经理为了能解决这个问题，召开了一次全体职工的会议。他要求大家首先要独立思考，要解放自己的思想，不要考虑自己的想法是多么可笑抑或是完全行不通；其次，大家发言之后，其他人不要去评论这个想法是好还是不好，发言的人只管自己发言，至于想法值不值得借鉴，会后由高层评估；再次，发言者不要过多地考虑发言的质量，这次会议的重点就是看谁说得多；最后，要求发言的人能够将多个想法拼接成一个，优化资源，尽可能地想出一个效果最为突出的解决办法。

参加会议的员工非常踊跃地发言。有的人说可以给电线加热让雪融化,有的人说可以给电线加上振动装置,有的人说可以设计一种能沿着电线自己滑动的扫雪器。其中有人异想天开,提出了一个脑洞大开的想法:可以让人坐在飞机上拿着扫帚扫雪! 这个想法当然不切实际。但过了一会儿,又有人沿着这个想法提出让直升机沿着线路飞行,通过螺旋桨产生的强大气流把电线上的积雪"扫落"下来。还等什么,最佳方案已经出来了。

二、头脑风暴法的优点

(1) 极易操作执行,具有很强的实用价值。
(2) 非常具体地体现了集思广益,体现团队合作的智慧。
(3) 每一个人的思维都能得到最大限度的开拓,能有效开阔思路,激发灵感。
(4) 在最短的时间内可以批量生产灵感,会有大量意想不到的收获。
(5) 面对任何难题,举重若轻。熟练掌握头脑风暴法的人,再也不必一个人冥思苦想,孤独求索了。
(6) 可以有效锻炼个人及团队的创新思维能力。
(7) 使参加者更加自信,因为他会发现自己居然能如此有"创意"。
(8) 使参加者更加有责任心,因为人们一般都乐意对自己的主张承担责任,可以发现并培养思路开阔、有创造力的人才。
(9) 创造良好的平台,提供了一个能激发灵感、开阔思路的环境。
(10) 创造良好的沟通氛围,有利于增加团队凝聚力,增强团队精神。
(11) 可以提高工作效率,能够更快、更高效地解决问题。

三、头脑风暴法的基本规则

使用头脑风暴法解决问题时,为了减少群体内的社交抑制因素,激励新想法的产生,提高群体的创造力,必须遵守以下基本规则:

1. 暂缓评价

在头脑风暴会议上,主持人和参与者对各种意见、方案的正确与否,不要当场做出评价,更不能当场提出批评或指责。对观点的批评不仅会占用宝贵的时间和脑力资源,而且容易使与会者人人自危,发言谨慎保守,从而遏制新观点的诞生。因为所有的想法都有潜力成为好观点、好方法,或者能够启发他人产生新的想法。参与者着重于对想法进行丰富和拓展。这种将评价放在后面的暂缓策略,可以产生一种有利于畅所欲言的气氛。

2. 鼓励提出独特的想法

与会者在轻松的氛围下,各抒己见,避免人云亦云、随波逐流、思维僵化,有利于提出独特的见解,甚至是异想天开的、貌似荒唐的想法。这样便可能开辟新的思维方式,提供比常规想法更好的解决方案。

3. 追求数量

如果追求方案的质量,容易将时间和精力集中在对该方案的完善和补充上,从而影响其他方案的提出和思路的开拓,也不利于调动所有成员的积极性。如果头脑风暴会议结束时有大量的方案,那就极可能发现一个非常好的方案。因此,头脑风暴法强调应该以在给定时间内获得尽可能多的方案为原则。

4. 重视对想法的组合和改进

可以对他人好的想法进行组合、取长补短,进行改进,以形成一个更好的想法,从而达到"1+1>2"的效果。与单纯提出新想法相比,对他人的想法进行组合和改进可以产生更好、更完整的想法。所以,头脑风暴法能更好地体现集体智慧。

现代发明创新所涉及的技术领域广泛,因而靠个别发明家单枪匹马式的冥思苦想来求得解决问题的方法收效甚微。相比之下,类似头脑风暴法这种群体式的创新战术则会显得效果更佳。

四、头脑风暴法的应用原则

1. 自由畅想原则

欢迎各抒己见、自由鸣放,创造一种自由、活跃的气氛,使与会者思想放松,激发大家提出各种想法,最狂妄的想象是最受欢迎的。这是头脑风暴法的关键。

2. 延迟评判原则

禁止批评和评论。对各种意见、方案的评判必须放到最后阶段,此前不能对别人的意见提出批评和评价。认真对待任何一种设想,而不管其是否适当和可行。

3. 以量求质原则

为了探求最大量的灵感,任何一种构想都可被接纳。意见越多,产生好意见的可能性越大。这是获得高质量创造性设想的条件。

4. 综合改善原则

探索取长补短和改进办法。除提出自己的意见外,鼓励参加者对他人已经提出的设想进行补充、改进和综合,强调相互启发、相互补充和相互完善。这是头脑风暴法成功的标准。

5. 突出求异原则

头脑风暴法追求的就是通过思维激励产生多多益善的新奇想法。不必顾虑想法是否离经叛道或是荒唐可笑,欢迎自由奔放、异想天开的想法,观点愈奇愈好。这是头脑风暴法的宗旨。

不断重复以上五大原则进行头脑风暴法的培训,就可以使参加者渐渐养成弹性思维方式,涌现出更多全新的创意。众多创意出来后,管理者再进行综合和筛选,最后形成可供实践的最佳方案。

第二节　应用头脑风暴法

一、预备阶段

1. 准备阶段

首先,要确定头脑风暴会议的主持人,应该选择不独断、有激情、有引导能力、能控制场面和进度的人做主持人。然后,制定所要研究的主题,抓住主题。主持人要对主题有深刻的理解。主题应该单一,不能同时有两个以上的问题,主题太大时,可分成若干个小问题。再次,要确定参加会议的人员和人数,一般不宜过多,以5～10人为宜。最后,确定会议的时间、地点,准备好会议的相关资料,通知与会人员参加会议。

可以通过以下问题来准备头脑风暴会议:

(1) 最重要的目的或目标是什么?

(2) 所要解决的问题是什么?

(3) 想要的结果是什么?

(4) 为了达到这个目的将使用哪些创造性活动和练习?需要用到哪些工具?

(5) 邀请哪些人来参加头脑风暴会议?每个人都有哪些独特的技巧、经验和知识?

(6) 举行头脑风暴会议的理想场所和环境是怎样的?需要提供食物和饮料吗?

(7) 什么时间召开会议?会议大约需要多长时间?

2. 开始阶段

会议开始阶段,不宜马上进入议题。主持人可以选择一些轻松、随意的话题,以调节气氛,营造一种自由、宽松、祥和的氛围,使与会者放松心情,进入一种无拘无束的状态。主持人宣布开会后,先说明会议的规则,然后随便谈点有趣的话题或问题,让与会者的思维始终处于轻松和活跃的状态。如果所谈话题与会议主题有着某种联系,人们便会轻松自如地进入会议议题,效果自然更好。

主持人宣布议题要尽量简洁、明确地告诉与会者本次的议题是什么。在进行一段时间的讨论后,大家往往会有更多的关于议题的想法,但也有可能只是围绕着一个方向发散思维。这时主持人可以重新明确讨论议题,使大家在回顾讨论的观点时重新出发,找到不同的方向。

经过讨论,大家对问题已经有了较深程度的理解。这时,为了使大家对问题的表述具有新角度、新思维，主持人或书记员要记录大家的发言，并对发言记录进行整理和归纳，找出富有创意的见解，以及具有启发性的表述，供下一步畅谈时参考。

二、自由发言阶段

自由发言阶段也叫畅谈阶段。这一阶段的规则是不允许私下互相交流，不能评论别人的发言等。此时主持人要发挥自己的能力，引导大家进入一种自由的讨论状态。还要注意会议的记录。随着会议的结束，会议上提出的很多新颖的想法要怎么处理呢？

以下是一些处理方法：在会议结束的一两天内，主持人要回访参加会议的人员，看是否还有更加新颖的想法，之后整理会议记录。然后根据解决方案的评判标准，对每一个问题进行识别，主要看是否有创新性，是否有可行性。经过多次斟酌和评估，最后找到最佳方案。这里说的最佳方案往往是一个或多个想法的综合。

头脑风暴法中主持人很重要。那么，主持人需要注意什么？怎样才能做一个合格的主持人？

（1）主持人应在会前向与会者重申会议应严守的原则和纪律，善于激发成员思考，使场面轻松、活跃而又不违背头脑风暴法的规则；在参加者发言气氛相当热烈时，可能会出现许多违背原则的现象，如嘲笑别人意见，公开评论他人意见等，此时主持人应当立即制止。

（2）鼓励轮流发言，每轮每人简明扼要地说清楚一个创意设想，避免形成辩论会和发言不均。

（3）要以赏识的词句、语气和微笑、点头的行为语言，鼓励与会者多提设想，如"对，就是这样！""太棒了！""好主意！这一点对开阔思路很有好处！"等。

（4）禁止使用"这点别人已说过了！""实际情况会怎样呢？""请解释一下你的意思。""就这一点有用。""我不赞赏那种观点。"等语句。

（5）经常强调设想的数量，比如平均3分钟内要发表10个设想。

（6）遇到大家才穷计短并出现暂时停滞时，可采取一些措施，如休息几分仲、散步、唱歌、喝水、听音乐等，而后再进行几轮头脑风暴。或发给每人一张与问题无关的图画，要求讲出从图画中所获得的灵感。

（7）根据主题和实际情况需要，引导大家掀起一次又一次头脑风暴的"激波"。如议题是某产品的进一步开发，可以从产品改进配方思考作为第一激波，从降低成本思考作为第二激波，从扩大销售思考作为第三激波等。又如对某一解决方案的讨论，引导大家掀起"设想开发"的激波，及时抓住"拐点"，适时引导进入"设想论证"的激波。

（8）要掌握好时间，会议持续45～60分钟，形成的设想应不少于100个。但最好的设想往往是会议要结束时提出的，因此，预定结束的时间到了可以根据情况再延长

5分钟。在1分钟时间里再没有新主意、新观点出现时,头脑风暴会议可宣布结束或告一段落。

接下来更重要的工作就是如何记录,尽量不落下每一个细节。会议提出的设想应由专人简要记载下来或录音,以便由分析组对会议产生的设想进行系统处理,供下一阶段(专家组评判阶段)使用。

收集的想法和观点可以通过分析组来进行系统化的处理。系统化处理的流程如下:简化每一个想法,简言之就是总结出关键字进行列表;将每个设想用专业的术语标志出关键点;对于类似的想法,进行综合;规范出如何评价的标准;完成上面的步骤之后,重新做一个一览表。

三、专家组评判阶段

分析创新观点的人,应该是专业领域里高级别的专家,他们会从专业角度来客观地分析这些想法。确定最终可执行方案的人,应该是具备更高的逻辑思维能力的专家。

为什么对于专家组的要求这么高呢?为什么不同能力的专家负责不同的事情呢?这是因为在头脑风暴的会议上,与会者大都是思维敏捷的人。他们往往在别人发言的时候,心里已经开始想到其他的设想了。在这种情况下,专家的参与能够集大家之长,得到更好的决策。

在统计归纳完成之后,接下来要对提出的方案进行系统性的评判并加以完善。这是一个独立的程序。此程序分为三个阶段:

第一个阶段:将所有的想法和设想拿出来,每一条都要有所评判,并且要加上评论。怎么评论呢?就是根据事实的分析和质疑。值得提出的是,通常在这个过程中,会产生新的设想,主要是因为原设想无法实现,有限制因素。

第二个阶段:和直接头脑风暴的原则一样,对每个设想编制一个评论意见的一览表。主持人再次强调此次议题的重点和内容,使参加者明白如何进行全面评论。对已有的想法不能简单提出肯定意见,即使觉得某设想十分可行也要有所质疑。

整个过程要一直进行到没有可质疑的问题为止,然后从中总结和归纳所有评价和建议的可行设想。整个过程要注意记录。

第三个阶段:对上述意见再次进行筛选。这个过程是十分重要的,因为在这个过程中,我们要重新考虑所有能够影响方案实施的限制因素,这些限制因素对于最终结果的产生是十分重要的。

头脑风暴法成功的关键是在一个公平公正的情况下,才能无差别的交流。

首先,与会者能够在一个公平公正的前提下进行交流,不受任何因素的影响,以便从各个方面进行发散式的思维。

其次,不要在现场就对提出的观点进行评论,也不要私自交流。要充分保证会议现场自由畅谈的状态,这样与会的人员才能够集中精力思考议题,以便得到更多的想法。

再次,不允许任何形式的评论,因为评论会抑制其他人的思维发散,从而影响整个会议的发展趋势。可能有些人会谦虚地表达自己的意思,但是一旦受到质疑,就会产生心理压力,提不出更多的想法了。

最后,在头脑风暴会议上一定不要限制想法的数量。以多多益善的原则,在不评论的前提下将所有想法留到最后进行分析。数量越多,质量就会越高。

头脑风暴会议与常规会议在创新能力方面的差异是显而易见的,主要体现为思维方向上的不同(见图7-1)。

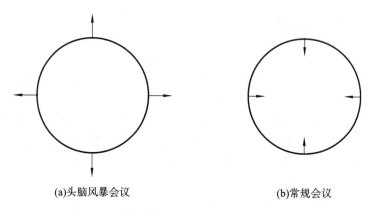

(a)头脑风暴会议　　　　　　　(b)常规会议

图7-1　头脑风暴会议与常规会议的思维方向

用头脑风暴法为产品取名

盖莫里公司是法国一家拥有300人的中小型私人企业,该企业有许多竞争对手。该企业的销售负责人参加了一个关于发挥员工创造力的会议后大受启发,开始在自己公司谋划成立了一个创造小组。在冲破了来自公司内部的层层阻挠后,他把整个小组(约10人)安排到了一家农村小旅馆里,在以后的三天中,每人都采取了一些措施,以避免外部的电话或其他干扰。

第一天全部用来训练。通过各种训练,组内人员开始相互认识,他们相互之间的关系逐渐融洽。第二天,他们开始创造力训练,开始涉及思维激励以及其他方法。他们要解决的问题有两个,在解决了第一个问题即发明一种其他厂家没有的新功能电器后,他们开始解决第二个问题,为此新产品命名。

经过两个多小时的热烈讨论后,共为新产品取了三百多个名字,主管暂时将这些名字保存起来。第三天一开始,主管便让大家根据记忆,默写出昨天大家提出的名字。在三百多个名字中,大家记住了二十多个。然后主管又在这二十多个名字中筛选出了三个大家认为比较可行的名字,再将这三个名字征求顾客意见,最终确定了一个。结果,新产品一上市,便因为其新颖的功能和郎朗上口、让人回味的名字,受到了顾客热烈的欢迎,迅速占领了大部分市场,在竞争中击败了对手。

第三节 使用头脑风暴法的误区

好的头脑风暴会议应该是轻松愉快、生动有趣、充满活力的,能够充分进行思维激励产生许多好的想法。而较差的头脑风暴会议却不能让与会者的思维产生很好的共振,打不开思路,甚至会令人受挫,消磨动力。在使用头脑风暴法时,应注意避免以下情况:

一、目标模糊

如果一次头脑风暴会议的意图是模糊不清的,就会导致讨论很难进行甚至失去方向。所以一定要设立清晰的目标。一次头脑风暴会议的目的,是达到一个具体特定的目标,而产生许多有创意的主意。最好的方法是把这个目标设定成一个问题,模糊的目标是无用的。"我们如何能做得更好"就没有"我们如何在下一年将销售量翻倍"清晰。然而,问题中的数字也不应该过细,否则会使头脑风暴受到局限,减少更多的可能性。像"我们如何通过利用现有渠道和当前的产品设置,使销售量翻倍"这样的问题,也许就过于限制了。一旦确定了目标问题,就将它写下来,以便所有人都能清楚地看到。同时,也应当为这个目标设定需要多少创意,以及要花多少时间。比如:"我们打算在下面的 20 分钟里,想出 60 个创意。然后我们将它们筛选至 4 到 5 个较好的创意。"

二、规则不明确

没有让每一个与会者明确的会议规则,往往会使头脑风暴会议被一些意外事件扰乱,影响会议的效果。主持人在头脑风暴会议上需要做的第一件事就是设定框架,明确什么行为可以接受,什么不可以接受。事实上,在任何会议之前都应该做这个事情,而不只是在头脑风暴会议前。规则需要写下来,贴在会议室的各个地方。

三、参与者的背景太过相近

假如参与者都来自同一个部门,就极易陷入一种群体思考之中,从而大大地禁锢创造力。因此要小心地选择参与者。参与者的数量控制在 5~10 人为宜。太少的人数会使头脑风暴的素材不够丰富,而太多的人又难以控制,限制了个人的发挥。在整个头脑风暴会议中还应引入一些其他领域甚至与讨论的话题无关的旁观者,这些人常会从不同角度提出看法和创意。不同背景的参与者组成的讨论，效果是最好的。这些人可以涵盖不同的年龄层次、性别，经验丰富的老手和初出茅庐的新人等。

四、主管做主持人

要小心在团队中表现得独断专行的主管位置上的人，他可能会限制或禁锢讨论的内容。如果有这样的主管在场，那么最好找一名能够胜任主持人的独立人士——他要能够激励大家积极地思考，并防止某一个人主导全局。对头脑风暴会议而言，最差的一种情形是，部门主管既是主持人，同时又是记录员和证明人。

五、允许某些个性十足的人参加会议

曾有国外研究者发现，头脑风暴不能收获创意的一个主要原因是一些参与者的个性毁掉了整个会议。并指出，有6种人需要被排除在你的下一次头脑风暴会议之外。

（1）总想做明星的人。这种人喜欢被人关注，喜欢说话，通常也主宰整个会议，制止这样的人会有点困难。

（2）喜欢否定的人。他们是那种被称作缺陷检查员的人。无论你提出多少想法来，他们都会找到某种缺陷，这会给他人的热情浇冷水。

（3）想法杀手。和第二类人的消极性比较相似，想法杀手不会对他们的批评深思熟虑。他们不是给其他人的想法提出改善方法，而是喜欢在他们的想法中挑问题，以表示他们正在把一些好的想法带进会议中。

（4）独裁者。这些人通常是在主管位置上的人，他们喜欢坚持自己的想法，而这最终会窒息其他人的创造性和热情。

（5）蓄意阻挠者。如果某些事情过于复杂，这些人一定会折腾个没完。他们对一个想法想得太多，他们想分析到底。而这根本不是最富有成效的方法，尤其是像头脑风暴会议这样自发的自由分享的环境里。

（6）社会闲散人员。这些人开会只是占据一个位置，不会贡献任何有价值的内容。

六、允许过早的评判

头脑风暴法最重要的原则是将评判推后。为了鼓励大量不同凡响的好想法出现，确保没有人对任一想法提出批评、负面的评价或任何评判，是非常重要的。参与者说出的任何一个想法，无论显得多么愚蠢，都要记录下来。在产生想法阶段不进行评判的原则极为重要，因而需要严格地加以执行。有个好办法是用水枪惩罚提出评判的人。

七、满足于为数不多的想法

不要刚得到几个想法,就开始分析。数量才最重要,想法的数量越多越好。在一切思维活动当中,头脑风暴是为数不多的数量能够改善质量的活动。各不相同的想法产生得越多,一些创新的想法最终被提出的可能性就越大。需要有很多的精力和各种声音,才能得到大量特别的想法。完全无法使用的疯狂想法往往起到跳板的作用,引领参与者想出可以被采用的新颖卓绝的方案,因此,要保持源源不断的疯狂想法。

八、没有收场或后续执行

不要在没有达到清晰的执行计划之前,就结束头脑风暴会议,即使已经产生了一大堆想法。如果看不到一个真实的结果,人们会感到之前进行的过程没有意义,从而灰心丧气。应该在会上快速地分析一下得到的这些想法。一种好的方法是把总结性发言分成三个部分:有见地的想法、有趣的想法、反对意见。若在有见地的想法里,有特别出色的点子值得马上去实施的,应该立即将其作为一个实践项目交予相关的执行者。

同时,应该将想法收集起来,并加以分类。例如,把关于市场、销售或其他方面的有见地的和有趣的想法分别列示在不同的挂图板上。这种重新整理想法的形式能帮助参与者发现新的组合及可能性。有些人会使用便贴纸,以便将各种想法方便随意地组合。

如果时间较为紧迫,可以使用五分制评分法选出最好的创意。参与者为每个想法打分,他们可以自由地将五分分配给喜欢的想法。比如,将五分平均分给五个想法,每个想法得到一分,也可以将五分全部给某一个想法。然后,将每个想法的得分相加,选出得分最高的想法,留待后议。

最后,在会议结束前,以感谢每个人对头脑风暴做出的贡献作为收场。应该再次提到一到两个最好的、最有创意或最有趣的想法。然后,讨论一下哪些想法是可以付诸实施的。

人们喜欢的头脑风暴会议往往时间短、充满活力且能够促成实际效用。这样的会议能够激发人的潜能,提高效率,促进创新力的提升。

放松体验训练

(1)训练目的:运用头脑风暴集思广益,创造性地提出解决问题的设想。
(2)训练步骤:
①结合所学专业,各小组拟定选题(课前拟定)。

②选择会议主持人。

③运用头脑风暴法轮流讨论。

(3) 训练要求:第一组讨论的时候,其他组静静地观看,并记录讨论中提出的每一个想法,在讨论结束后由其他组总结并结合讨论中的想法给出改进的想法(充当专家组的角色)。切记,观看组一定要安静。每组讨论时间不超过10分钟。

第八章　六顶思考帽

(1) 知识目标:理解和掌握六种颜色的思考帽代表的不同思维模式。

(2) 技能目标:学会六项思考帽的使用方法,能独立组织应用六项思考帽的思维流程。

(3) 体验目标:树立团队协作思维的意识。

某医院对六项思考帽法的应用

某医院为了提高医护服务水平,通过开展科室座谈会,运用"六项思考帽"的理论及方法培养护士的创新意识,应用创新思维提升护理服务质量,为患者提供优质、安全的护理服务。

第一步(白色思考帽):数据库提供的 2008 年 1—4 月的数据显示,有 13.08% 的患者认为病区环境布置单一、不够人性化;13.85% 的患者认为护士注射技术有待继续提高;10.77% 的患者认为健康宣传教育中药物指导、疾病宣传教育不够理想。根据医院规定,住院患者综合满意度(综合满意度=4 项指标平均值≥4 分的病人数/调查人数×100%)得分要在 95 分以上,单项满意度(单项满意度=单项满意度指标的平均值≥4 分的患者人数/调查人数×100%)得分要在 90 分以上,显然还存在着一定差距。

第二步(绿色思考帽):大家一致认为,对得分小于 90 分的单项满意度进行护理工作上的改进,并巩固保持原有的成绩,于是集思广益,提出解决问题的建议共 28 条。

第三步(黄色思考帽、黑色思考帽):根据建议评估存在的优点、缺点,最终选择方案。

第四步(红色思考帽):对方案进行直观判断。

第五步(蓝色思考帽):最后得出结论,落实具体实施措施。

第一节　什么是六顶思考帽

有人说:"思考的最大敌人就是复杂,因为它会导致混乱。如果有非常简单明了的思考方式,思考就会变得富有乐趣和成果。"六顶思考帽就是一种概念简单易懂、过程清晰明了、实施快捷方便、形式近乎游戏、结果成效显著的思维方法。

一、平行思考的工具——六顶思考帽

六顶思考帽是爱德华·德·波诺博士开发的一个全面思考问题的模型。六顶思考帽是平行思维工具,是创新思维工具,也是人际沟通的操作框架,更是提高团队智商的有效方法。它让我们有效避免了将时间浪费在互相争执上。它帮助我们的思维从以对错二分法为基础的辩论转换到对问题的探索,将混乱的思考变得更清晰,使每个人变得富有创造性。六顶思考帽的目的是将思考的过程分解开,思考者得以在单位时间内仅考虑一个方面的问题,而不是同时做很多事情。

六顶思考帽是一个操作简单、经过反复验证的思维工具,可以提高团队成员的集思广益能力。它给人以热情、勇气和创造力,让每一次会议、每一次讨论、每一份报告、每一个决策都充满新意和生命力,这个工具能够帮助我们提出建设性的观点,聆听别人的观点,可以从不同角度思考同一个问题,从而创造高效能的解决方案。

六顶思考帽的由来

爱德华·德·波诺博士(Dr. Edward de Bono)被誉为20世纪改变人类思考方式的领导者,是创造性思维领域和思维训练领域举世公认的权威,被尊为"创新思维之父"。

爱德华·德·波诺博士第一次把创造性思维的研究建立在科学的基础上,是思维训练领域的国际权威。欧洲创新协会将他列为人类历史上贡献最大的250人之一。他在世界企业界拥有广泛影响。

爱德华·德·波诺的代表作《六顶思考帽》和《平行思考》被译成37种语言,行销54个国家,在这些国家的企业界、教育界和政界得到了广泛的推广和肯定。长期以来,他的思维作为政府、企业和个人生活的决策指南,一直被公认是最有效的新思维训练工具,国际思维大会鉴于爱德华·德·波诺对人类思维的杰出贡献而授予他"先驱者"的称号。

首先来看第一种颜色的帽子,白色有时又可视为无颜色,白色的帽子代表中立、客观,只是陈述事实与数据,不发表任何主观意见,不作评论;接下来,黄色的帽子,黄色是太阳的颜色,代表积极与正面,意味着从正面发表评论与意见,只说好的一面、有利的一面;与之相反的是黑色的帽子,黑色是夜晚的颜色,代表谨慎的观点、负面的评论,意味着从反面发表意见与建议,只说不好的一面、有害的一面;蓝色的帽子,蓝色代表天空的颜色,天空高高在上、俯视一切,代表冷静、归纳的方向,意味着要全面地看问题,要掌控思维过程与方向,要进行总结和归纳;红色的帽子,红色是生气时脸的颜色,代表情感、直觉,意味着要从自己的直觉和个人喜好发表看法,直截了当,不必考虑太多;最后一顶是绿色的帽子,绿色代表青草、春天和希望,意思是要从新的、有创意的角度思考问题,从发展的角度思考问题。

使用不同颜色的帽子象征思维方向基于如下理由:
(1) 使平行思维实用、易记;
(2) "思维"和"帽子"之间有传统意义上的联系;
(3) 帽子象征着某种功能;
(4) 可以像换帽子一样轻易地转变思考类型;
(5) 平行地共同探讨所有的主题。

六顶思考帽的方法通过以下三种方式运用平行思维:

第一,除主持人(蓝色思考帽)外,小组里其他成员在特定时间需同时戴上同一种颜色的帽子,在一顶指定的思考帽之下,每一个人都朝着同样的方向进行平行思考。思考者关注的是思考的问题,而不是别人关于这个问题的想法。

第二,不同的观点,哪怕是完全对立的观点,都被平行地排列在一起。如果有必要,人们将在以后的某个时间再对它们进行讨论。

第三,思考帽自身提供了观察事物的平行方向。例如,在同时评估困难与评估利益的时候,黑色的思考帽和黄色的思考帽就是并列工具。它们之间的关系不是对立的。

对六顶思考帽理解的最大误区就是仅仅把思维分成六个不同颜色,但其实对六顶思考帽的应用关键在于使用者用何种方式去排列帽子的顺序,也就是组织思考的流程。只有掌握了如何编织思考的流程,才是真正掌握了六顶思考帽的应用方法,不然往往会让人们感觉这个工具并不实用。而帽子顺序的编制仅通过读书是难以达到理想效果的,还需要在实际运用中去领会。

二、帽子颜色的含义

六顶思考帽用白、红、绿、黄、黑、蓝六顶不同颜色的帽子代替不同的思维模式,每顶帽子的颜色与它的职能和作用密切相关。

(一) 白色思考帽(白帽思维)

白色是中性的、客观的,事实和数字是白帽思维的关键。白帽思维就是要求人们尽可能地以客观的方式提供事实和数据的方法;就是集中所有人的智慧、知识,集中所有的资源,在尽可能低成本的前提下收集所需要的数据和事实。白色思考帽帮助人们把纯粹的信息与判断区分开来,它代表规则和方向、资料和事实。白帽思维中,态度起决定作用。如果人们要利用某个客观事实,提出某些特定观点,就加入了目的性,白帽思维就被歪曲了。因为我们要的是纯粹的客观事实,没有利己性和目的性。

公交车的座椅——白帽思维

大城市中公交车很拥挤。为此有人提出了一个有趣的问题:"把公交车上的座椅全部去掉会怎样?"

白帽思维:

1. 据调查,公交车拥挤情况出现在早、晚上下班时段和节假日期间。
2. 经测算,去掉座椅后,公交车面积增加 xx%。
3. 在拥挤时段,乘车老年人约占 xx%、中小学生约占 xx%,其余为成年人。

(二) 红色思考帽(红帽思维)

与白色相反,红色代表情绪和感觉,使人想到兴奋、喜欢、无所谓、反感、生气、发怒等各种感情。红帽提供感情方面的看法,戴上红色思考帽,人们可以表现自己的情绪,人们还可以表达直觉、感受、预感等方面的看法,是直觉思维。直觉并非随时都能拥有,但如果使用红帽思维,直觉出现的可能性会更大。

情感、感觉、预感和直觉在思维过程中都是强烈而真实的,红帽思维承认这一点。红帽思维确定了作为思维中重要部分的情绪和感觉的合理性。

红帽思维使感觉得以呈现,从而使它成为整个思维过程的一部分。戴上红帽就允许思考者这么说:"我感觉这件事是这样的。"红帽思维允许思考者通过红帽观点进行询问,由此来探求其他人的感觉。

如果情绪和感觉被排斥于整个思维过程之外,那么它们就会隐藏起来并以一种潜在的形式影响整个思维活动。用红帽思维来思考不需要对情绪和感觉加以证明和解释,或为它们找一个逻辑基础。红帽思维会使你成为感情丰富的思考者,使你对事物的情感反应不必通过一步一步地呆板推理而得到。

红帽思维中包括两种类型的感觉。首先是人所共有的普通情感,从害怕讨厌等强烈感情到诸如怀疑等微妙情感。其次就是掺杂在感觉中的复杂判断,如预感、直觉、知觉的体验,以及美感和其他不容易证明的感觉。权衡这种感觉的观点,也很适合于这种红帽思维。

所有颜色的帽子中,红色思考帽应用的时间最短,不宜过长,表述出直观感觉即可。

 案例 8-4

公交车的座椅——红帽思维

1. 可以乘坐更多的人。
2. 车变轻了能省油。
3. 只坐几站还可以,如果需要坐很远肯定会累,我想我是不会坐的。
4. 没了座位的公交车,老人和孩子乘坐肯定感到不便,还有残疾人或孕妇。
5. 万一来个急刹车就太危险了。

(三)绿色思考帽(绿帽思维)

绿色代表茵茵芳草,代表生机勃勃,代表富足和茁壮成长。绿帽表示创造性、想象力和新观念。

绿色思考帽特别地和新思想相关联,它也是观察新事物的新途径。绿帽思维力图摆脱旧想法,以便找出更好的新想法。绿帽思维涉及事物的变化,是一种深思熟虑。它将其所有的努力都集中在这一方向上。在绿帽思维下,允许提出各种可能性,让人产生创造欲。

绿帽思维有助于激发行动的指导思想,提出解释,预言结果和新的设计。使用绿帽思维,可以寻找各种可供选择的方案以及新颖的念头。

 案例 8-5

公交车的座椅——绿帽思维

1. 设计可以在高峰期拥挤时快速方便移除的公交座椅。
2. 可以在两侧安装可收起的折叠座椅,既可以实现无座椅状态,又可以方便特殊人群。
3. 所有座椅都折叠在站位之下,公交车可智能识别有需要的人,自动弹出座椅。

(四)黄色思考帽(黄帽思维)

黄色代表太阳和肯定。黄帽是乐观的,充满希望的。

用肯定的观点看问题是一种选择。通常,要发现一个问题的优点比发现其不足更困难。在黄色思考帽中,却有可能做出深入的洞察。一些看似没有前景的事物实际上往往具有以前没有发现的价值。由于黄色帽子首先是一顶强调逻辑的帽子,所以在希望的背后,必须要有足够的理由来提供支持。

从态度上讲,黄帽思维和黑帽思维正好相反。黑帽思维和否定评价相关,而黄帽思维则是从肯定的方面看问题。戴上黑色思考帽时,往往会关注事情的合理性;而戴上黄色思考帽时,更多关注的是事物的优点和好处。这两顶帽子都要求符合逻辑,要求思考者为自己的判断提供理由和根据。如果无法提供某种理由来支持,说明你的观点属于红帽思维,因为没有理由支撑的表达只能是一种感觉或者直觉。

黄色思考帽并不是做出全面的评估,而是仅仅找到那些有价值、有好处的地方。黄帽思维需要思考者主动去选择,并非在看到建议中有价值的一面才开始采取积极的态度,而是从一开始就采取积极的态度去寻找价值。这要求思考者将积极态度作为思考的前提。

公交车的座椅——黄帽思维

1. 可以有效缓解高峰期的拥挤状况。
2. 可以减少高峰期线路上车辆的投放数量,节约成本,节能减排。
3. 对于只乘坐1站或几站的短途乘客,去掉座椅并不会感到有什么不方便。
4. 去掉座椅,公交车的自重减轻了,多运乘的人重量可能与座椅重量相抵,运乘量大了运营成本未增加,所以可以降低票价。

(五)黑色思考帽(黑帽思维)

黑色代表忧郁和否定,黑帽思维总是带有逻辑和理性的。它消极而且缺乏情感,同样消极但富有情感是红帽子扮演的角色(它也具有积极的感情因素)。黑帽思维只看事物的阴暗面,但是它一定是具有理性的阴暗面。戴上红帽子你会没有来由地得到一种消极感觉,而黑帽思维的理性特点却总会给你找到相关的理由。黑帽思维并不包括在红帽思维下提出的否定性情感和否定性感觉。

黑帽思维并不关心问题的解决,它仅仅是指出问题。使用黑帽思维主要有两个目的:发现缺点和做出评价。

黑帽思维有许多检查的功能,可以用它来检查证据、逻辑、可能性、影响、适用性和缺点。一旦某个想法提出来了,黑帽思维可以检查这个想法的可实行性。例如,从以下几个问题来展开思考:

思考中有什么错误?

这件事可能的结果是什么?

这个想法合情合理吗?

这个想法会起作用吗?这个想法中有什么利益吗?

它值得去做吗?

黑帽思维特别关心的是否定评价,黑帽思考者意在指出什么东西是谬误,什么东西是不正确的。它要指出某些事情是如何不符合我们的经验和我们已经具备的知识。黑帽思考者不仅要提出为什么有些事情不起作用,而且要指出风险和危机,在改进过程中黑帽思考者要指出缺点。肯定评价是留给黄帽思维的,在针对一个想法时,

第八章 六顶思考帽

黄帽思维应该先于黑帽思维使用。

黑帽思维不是争辩,而且永远不要这样看它。黑帽思维可以从未来的角度提出一个设想,并由此来看该设想在什么地方容易出错。

案例 8-7

公交车的座椅——黑帽思维

1. 座椅本身也有保障安全的作用。拆除座椅,不符合公交客运安全要求。
2. 这样做实际上是忽视了老年人、残疾人等特殊人群的权益。
3. 现在大城市公交可以通过合理的网络布局规划、智能大数据实时调配、大力发展地铁交通,现在又出现了高架专用车道的空中公交,再加上错峰上下班等手段,这样多措并举,完全可以解决拥挤问题,没有必要搞无座椅公交车。

(六)蓝色思考帽(蓝帽思维)

蓝色是冷静的,它是天空的颜色。天空高高在上,如果你飞翔在天空,就可以俯瞰一切事物。戴上蓝色帽子就意味着超越思考过程:你正在俯瞰整个思考过程。

蓝帽思维是对思考的思考,意味着对思考过程的控制、回顾和总结。蓝帽思维就像乐队的指挥一样,负责控制各种思考帽的使用顺序,规划和管理整个思考过程。戴上其他五顶帽子,我们都是对事物本身进行思考,但是戴上蓝帽子,我们则是对思考进行思考。

戴上蓝帽子,可以告诉自己或者别人,该戴其他五顶帽子中的哪一顶。蓝帽思维告诉我们该什么时候转换帽子。如果思维是一段完整的程序,那么蓝帽就是对这种程序的控制。

尽管爱德华·德·波诺是把蓝帽思维作为个人提出来的,但是对于这些蓝帽子的任务,每个成员都可能去执行它。实际上,一个蓝帽思考者可以要求每个人都戴上蓝帽子并执行其任务。如:"我建议我们在这里暂停。我们每个人都戴上蓝帽子,并且花几分钟时间各自总结一下我们迄今为止都取得了什么样的观点。""让我们大家都轮流戴上你的蓝帽子,并告诉我们应该到达什么地方。"

一般说来,任何会议的主持人都自动地发挥蓝帽子的功能,维持会序,而且要保证会议议程得到贯彻。任命会议主持人以外的人作为一个蓝帽角色是可行的。然后,这个蓝帽思考者就将在主持人规定的范围内执行监督的任务。因为,会议主持人往往本身并不一定在监督思维方面特别熟练。

蓝帽思维的一个重要作用就是打断争论,并要求争论者们使用某个特定的思考帽。蓝帽思维在思维过程中或结束的时候,必须做出概要、纵览和结论。

公交车的座椅——蓝帽思维

1. 现在请大家戴上红色思考帽,用一两分钟的时间谈谈公交车去掉了全部座椅会怎样。

2. 现在让我们戴上黄色思考帽,思考一下去掉公交车座椅会带来什么样的好处。

3. 我建议大家现在都戴上绿色思考帽,围绕着去掉公交车座椅问题看看有什么好的想法和创意。

4. 现在有必要运用黑帽思维思考一下了。请大家戴上黑色思考帽,分析一下去掉公交座椅会带来什么样的结果。

5. 目前为止大家提出的观点和想法还缺乏事实和数据支持,让我们戴上白色思考帽,查找一下相关的事实和数据吧。

6. 我认为大家有必要再戴上黄色思考帽,进一步谈谈去掉公交车座椅的正面意义。

第二节 六顶思考帽的应用

思考帽有两种基本使用方法:一种是单独使用某顶思考帽来进行某个类型的思考;另一种是连续地使用思考帽来考察和解决一个问题。

一、单独使用

单独使用就是在对话或讨论过程中,偶尔地使用某顶思考帽来引导思考方向。在单独使用时,思考帽就是特定思考方法的象征。

例如,开会时可能遇到需要新鲜看法的情形:

"我想我们在这里需要戴上绿色思考帽来思考一下,看看有什么更好的创意。"

同样的会议中,过一会儿可能又有新的建议:

"这个问题我认为应该用黑帽思维来考虑一下,这样做会有什么问题。"

思考帽可以这样人为转换正是其优点所在。没有思考帽,我们就无从有效地引导大家的思维统一到同一方向,对思考方式的指向就是虚弱的、个人化的,比如我们只能说:"我们需要一些创造性。""不要如此消极。"

二、连续使用

六项思考帽不仅定义了思维的不同类型,而且可以通过确定思考帽的使用序列定义思维的流程结构。我们可以在会议中根据需要随时选择不同思考帽进行连续使用，但这需要熟练的使用技巧。

1. 使用规则

我们可以通过最初的蓝色思考帽思考，预先设定帽子的使用序列，在开会时按这个序列使用的过程不断推进。根据具体的情况，可作轻微的变动。设定使用序列时应注意：

(1) 从蓝帽开始，以蓝帽结束，中间根据需要设定其他帽子的使用顺序；

(2) 任意一顶思考帽都可以根据需要反复使用；

(3) 没有必要每一顶思考都使用；

(4) 可以连续使用两顶、三顶、四顶或者更多的思考帽。

讨论组的成员必须遵循某一时刻指定的某一顶思考帽的思考方法。例如，任何一个成员都不允许随便说："这里我想戴上黑色思考帽思考"；"打断一下，这里我想用红色思考帽说一下我的感受"。这就意味着又回到了争论模式。只有小组的领导、主席或者主持人才能决定使用什么思考帽。思考帽不能用来描述你想说什么，而是用来指示思考的方向。维持这样的纪律非常重要。运用这样的方法一段时间以后，人们就会发现遵循特定的思考帽思维容易多了。

2. 使用序列

六顶思考帽的使用序列并没有一定的模式，凡在适合的情况下都可以使用。有的模式适于考察问题，有的适于解决问题，有的适于协调争论，有的适于得出结论等。

(1) 简单序列。以产品设计为例，可以在蓝帽思维的指挥下，重点运用白、绿色思考帽确定初步方案，然后用黄、黑色思考帽从正反两个方面进行快速评价，而后根据评价结果，运用相应的思考帽对方案进行改进，并进行设计。

(2) 一般序列。在设计六顶思考帽应用帽序时，初始序列一般从提出问题、分析问题的角度来设计帽序，中间序列一般从提出新方案及分析新方案的角度来设计帽序；结尾序列一般从总结、评价会议成果的角度来设计帽序。

六顶思考帽法的不足之处

平行思维与六顶思考帽法确实在避免对抗性思维和全面认识事物方面具有优势，但主要适用于找出解决问题的方案，而不太适合澄清事实与辨明是非。例如，关于如何看待某大学教师曲解孔子的"始作俑者其无后乎"这句话来说，运用批判性思维可以有效澄清事实、辨明是非、做出判断，而运用平行思维则较难操作。我们不妨用六顶思考帽试验一下。

(1) 客观陈述事实与问题（白帽）：某大学老师认为，孔子曾经说过"始作俑者其无后乎"这句话,意思是诅咒那些用陶俑代替活人殉葬的人断子绝孙,因为孔子主张"克己复礼",殉葬制度是周礼的一部分,所以孔子反对用陶俑代替活人殉葬,而主张延续周代的习俗,继续用活人殉葬。

(2) 评估该说法的优点(黄帽):这种解释让我们耳目一新,它能让我们对儒家思想的腐朽反动有进一步的了解。

(3) 列举该说法的缺点(黑帽):这种解释依据不足。首先,孔子到底说没说过这句话,值得怀疑。因为这句话最初出自《孟子·梁惠王上》一书中,孟子比孔子晚生了一百多年,他是如何得知孔子的这句话的?是不是为了某种目的而假托孔子说的?其次,这句话在该书中的意思完全不是那位大学教师解释的那样,恰恰相反,孟子是借孔子这句话劝梁惠王要"施仁政",对老百姓好一点,只要通读该书的这一部分原文就可以一清二楚。该教师在没有提供足够材料和证据的基础上,就做出这样不负责任的判断,显然会误导青年,造成对传统文化的不利影响。

(4) 对该方案进行直觉判断(红帽):(A)我讨厌这种说法,这个大学教师完全是断章取义、哗众取宠。(B)我喜欢这种说法,我觉得可能该教师才是对的。

(5) 提出解决问题的方案(绿帽):继续寻找新的材料和证据,对这句话的真正意思展开讨论。

(6) 总结陈述,做出决策(蓝帽):该教师的说法有新意,但依据不足,有可能带来正反两方面的影响,需要进一步探讨。

看到这里,我们发现,用六顶思考帽法可以提供对某件事的多角度观点,使我们对问题的方方面面有较全面的认识,但有时也容易模糊焦点,难以得出一致的结论。

案例 8-9

《谁动了我的奶酪》一书的思维启示

《谁动了我的奶酪》(Who Moved My Cheese?)是一本世界畅销书,作者斯宾塞·约翰逊博士是美国知名的思想先锋和畅销书作家。此外,他还是一位医生、心理问题专家,也是将深刻问题简单化的高手。在清晰洞察当代大众心理后,他制造了一面社会普遍需要的镜子:怎样面对和处理信息时代的变化与危机。在该书中,他通过一个寓言故事生动地阐述了"变是唯一的不变"这一生活真谛。

书中有4个"人物"——两只小老鼠嗅嗅、匆匆和两个小矮人哼哼、唧唧。他们生活在一个迷宫里,奶酪是他们要追寻的东西。有一天,他们同时在某一个洞中发现了一个储量丰富的奶酪仓库,便在其周围构筑起自己的幸福生活。一天,奶酪突然不见了!嗅嗅、匆匆立刻穿上始终挂在脖子上的鞋子,开始出去到别的地方寻找,并很快找到了更新鲜更丰富的奶酪;两个小矮人哼哼和唧唧面对变化一筹莫展,难以接受残酷的现实,始终认为奶酪应该还在不远的地方,于是继续在洞中和附近挖掘与寻找,

第八章 六顶思考帽

当意识到再也找不到原来的奶酪之后,他们陷入悲伤、抱怨中不能自拔……

这本书其实还可以从思维方式的角度进行分析。嗅嗅、匆匆的思维方式类似于水平思维,当一个地方的奶酪不见之后,立即去别处寻找,不会在一棵树上吊死;而哼哼、唧唧的思维方式则像垂直思维,一条道走到黑,不碰南墙不回头。当然,最后哼哼、唧唧也醒悟过来,像嗅嗅、匆匆一样,离开老地方,去寻找新出路。在经历了千辛万苦之后,也终于找到了他们的新奶酪。

三、六顶思考帽法的注意事项

1. 控制与应用

掌握独立和系统地使用帽子工具以及帽子的序列与组织方法。

2. 使用的时机

理解何时使用帽子,从个人使用开始,分别在会议、报告、备忘录、谈话与演讲发言中有效地应用六项思考帽法。

3. 时间的管理

掌握在规定的时间内高效地运用六项思考帽法的思维方法,从而激发和整合一个团队所有参与者的潜能。

请根据甲、乙两人的对话分别判断二者所使用的思考帽。

甲:最近班里的学生学习氛围不强,平均分下降了10分。

乙:可能是对学习失去兴趣了。

甲:我也是这么想。所以我想请学生自己出考题考试,提高他们学习的主动性。

乙:让他们自己出题?那如何阻止有人出题过于简单呢?

甲:我会请他们出100道题,而且我会根据他们题目的全面性和挑战性来打分。

乙:对你来说,打分可能很困难。

甲:可能是。但我认为比起只做我出的题目来说,这种方法能更好地检测他们的学习情况。

乙:有的家长可能不同意。他们担心小孩知道答案,会影响学习。

甲:这点我会和家长沟通,听听他们的意见。

乙:好,这将是一个有趣的实验。但凭我的经验,我觉得有可能会失败。

第九章 5W2H 法

学习目标

(1) 知识目标:理解疑问是创新的前提,是探索的动力;领会质疑的本质内涵;掌握 5W2H 提问的基本方法。

(2) 技能目标:掌握应用 5W2H 分析法的步骤;提高发现问题、提出问题的能力;学会正确地提出问题,提出正确的问题。

(3) 体验目标:感受通过丰富的想象巧妙提出问题的过程,培养"疑问"意识。

质疑是创新的重要因素之一。古希腊学者亚里士多德说过:"思维是从疑问和惊奇开始的。"爱因斯坦也曾说:"提出一个问题往往比解决一个问题更为重要,因为解决一个问题也许只是一个数学上或实验上的技巧问题。而提出新的问题、新的可能性,从新的角度看旧问题,却需要创造性的想象力,而且标志着科学的真正进步。""如果给我 1 个小时解答一道决定我生死的问题,我会花 55 分钟来弄清楚这道题到底是在问什么。一旦清楚了它到底在问什么,剩下的 5 分钟足够回答这个问题。"分析问题的根本原因是减少盲目性。将一个问题准确地界定,就等于解决了问题的一半。不管是解决工作中的问题,还是发明创造、经营实业,或者做更大的事业,准确地界定问题,都是解决问题的前提。如果不能准确地界定问题,抓不住问题的关键,即使我们再努力打拼、奋力抗争,也可能不得要领,收效甚微。

如何准确地界定问题?这需要有准确提出问题的能力。提出问题不仅是探究学习的开端,而且是解决问题的关键,是人们吸收知识、锻炼思维能力的前提。

第一节 认识质疑思考

一、质疑思考的含义

质疑思考即质疑思维,是指创新主体在原有事物的条件下,通过"为什么"的提问综合应用多种思维、改变原有条件而产生新事物(新观念、新方法)的思维方式。也就是说,质疑思维方法是在原有事物的基础上进行的假设性提问,所以这种方法又叫设问法。

巴甫洛夫说:"质疑思维是创新的前提,是探索的动力。"质疑的过程是积极思维的过程,是提出问题、发现问题的过程,因此,质疑中蕴含着创新的萌芽,是创新的起点,对形成积极进取精神和独特思维方式发挥着独特的作用。质疑思考能够培养思维的独立性,增强打破思维惯性的能力,对于推动发明创造和科学发展起着重要作用。

爱迪生发明治痛风药

爱迪生一生发明的东西有1600多种。如果没有爱迪生的发明,人类的文明史至少要往后推迟200年。

爱迪生会对常人熟视无睹的问题提出许多"为什么"。有一天,他在路上遇到一位朋友,看见他手指关节肿了。

爱迪生:"为什么会肿呢?"

朋友:"我不知道确切的原因是什么。"

爱迪生:"为什么你不知道呢?医生知道吗?"

朋友:"唉!去了很多医院,每个医生的说法都不一样,不过多半医生认为是痛风症。"

爱迪生:"什么是痛风症呢?"

朋友:"他们告诉我是尿酸淤积在骨节里。"

爱迪生:"既然如此,医生为什么不从你的骨节里取出尿酸呢?"

朋友:"医生不知道如何取。"

爱迪生:"为什么他们不知道如何取呢?"

朋友:"医生说,因为尿酸是不能溶解的。"

爱迪生:"我不相信。"

爱迪生回到实验室,立刻开始做"尿酸到底是否能溶解"的实验。他排好一列试管,每支试管里都放入1/3不同的化学试剂。每种试剂中都放入几颗尿酸结晶颗粒。几天之后,他看见有两支试管中的尿酸已经溶解了。于是,这位大发明家就有了新的发明,这个发明也很快得到实际应用,现在这两种化学试剂中的一种普遍应用于医治痛风症。

拍立得的诞生

第二次世界大战期间,有一个美国人埃德文·H.兰德正在给他的小女儿拍照,小女儿问父亲为什么必须等很长时间才能看到照片。女儿直率的问题让他开始认真考虑:顾客希望买到商品后立刻就能用,那么照相机为什么就不一样呢?能否在一个很小的封闭空间内用几秒钟洗出相片，而不必在专业的暗房里花费数小时时间呢？1948年11月26日，第一架60秒拍立得照相机在波士顿上市销售。拍立得照相机如图9-1所示。

图9-1　拍立得照相机

陶行知说过："创造始于问题，有了问题才会思考，有了思考才有解决问题的方法，才有找到独立思路的可能。"

二、质疑思考的特征

（一）疑问性——最核心的特征

疑问性是质疑思考最核心的特征。

润滑油的发明

润滑油具有润滑、冷却、防锈等诸多作用，在现代工业中已经占据举足轻重的地位。那么，润滑油是怎样发明的呢？

发明润滑油的瑞利是一位杰出的科学家，在光学、声学、电磁学、电力学、水力学、摄影等许多领域都取得了举世公认的成就。一天，瑞利的家来了几位客人。瑞利的母亲为客人沏茶，并很讲究地把小茶碗放在精致的小碟子上，端到客人面前。

年轻的瑞利始终坐在一边。他看到，母亲每次端茶时，一开始茶碗在碟子里很容易滑动，但当洒一点热茶在碟子里后，即使母亲的手摇晃得更厉害、碟子倾斜得更明显，茶碗却像粘在碟子上一样，一动不动了。这是什么原因呢？为了弄清原因，瑞利用碟子和茶碗做实验，发现沾水确实不易滑动。经过不断试验、记录、分析，他对茶碗和碟子之间的滑动做出了这样的结论：茶碗和碟子看上去光洁、干净，实际上表面总留有手指和抹布上的油腻，使茶碗和碟子之间的摩擦系数变小，容易滑动。当洒了热茶后,油腻被溶解了,碗碟也就变得不容易滑动了。

在这个基础上,他又研究了油和固体之间的摩擦。他指出,油对固体之间的摩擦力的大小有很大的影响,利用油的润滑作用,可以减小摩擦力。后来人们就根据瑞利的发现,把润滑油应用到生产和生活中了。现在从尖端科学实验到大型机器设备,从现代化生产到日常生活,几乎都要用到润滑油,甚至连小孩都知道润滑油的作用,这不能不感谢瑞利做出的贡献。瑞利从母亲手中的碗碟开始对物理学的研究,后来成为著名的物理学家,并于1904年获得了诺贝尔物理学奖。

(二)探索性——最明显、最活跃的特征

探索性是质疑思考最明显、最活跃的特征。

优秀的学生

西方哲学史上有一个著名的故事。哲学家罗素问穆尔:"谁是你最优秀的学生?"当时,剑桥大学公认的优秀学生是穆尔的学生维特根斯坦。穆尔毫不犹豫地说是维特根斯坦。"为什么?"罗素问道。"因为维特根斯坦在听我课的时候总是有一大堆问题,总是喜欢探究各种各样的问题。"后来,维特根斯坦果然在哲学上取得了很大的成就,甚至超过了罗素。有人问维特根斯坦:"罗素为什么落伍了?"维特根斯坦回答:"因为他没有问题了。"

(三)求实性——最宝贵的特征

求实性是质疑思考最宝贵的特征。

浴缸漩涡的奥秘

美国科学家谢皮罗教授在洗澡时发现一个有趣的现象:每次放掉洗澡水时,水流的漩涡总是向左旋转,也就是逆时针方向旋转。这是为什么呢?谢皮罗百思不得其解。

为了弄清这一现象背后潜藏着的科学奥秘,谢皮罗教授开始了实验操作。他设计了一个底部有漏孔的碟形容器,先用塞子堵上,往容器中灌满水,然后重复演示这一水流现象。

谢皮罗注意到,每当拔掉容器底的塞子时,容器中的水总是形成逆时针旋转的漩涡。这证明:放洗澡水时,漩涡逆时针旋转并非偶然现象,而是一种有规律的自然现象。

经过长期不懈的实验探索,谢皮罗终于揭开了水流漩涡逆时针旋转的秘密。他

发表论文指出：水流的漩涡方向是一种物理现象，与地球自转有关，如果地球停止自转的话，拔掉澡盆的塞子，水流不会产生漩涡。由于人类生存的地球不停地自西向东旋转，而美国处于北半球，地球自转产生的方向力使得该地的洗澡水逆时针旋转。谢皮罗还指出：北半球的台风都是逆时针旋转的，其原因与洗澡水的漩涡旋转一样。他由此推断：如果在地球的南半球，情况则恰好相反，洗澡水将按顺时针方向形成漩涡，而在地球赤道则不会形成漩涡。

谢皮罗的论文发表后，引起各国科学家的极大兴趣，他们纷纷在各地进行实验，结果证实：谢皮罗的结论完全正确！

三、质疑思考的方法

（一）起疑思考法

起疑思考法就是采用"为什么＋"模式，将陈述句转换为疑问句，以此为起点探究事物的起因和本质属性的思维方式，如"糖是甜的"转换为"糖为什么是甜的？"

远隔重洋的蚯蚓亲戚

多年前，一位名叫密卡尔逊的生物学家，发现美国东海岸和欧洲西海岸同纬度的地区都有一种蚯蚓，而美国西海岸却没有这种蚯蚓。这是为什么？这个疑问，引起了当时正在研究大陆和海岸起源问题的德国地质学家魏格纳的注意。魏格纳认为，小小的蚯蚓活动能力有限，无法跨越大洋，它的这种分布情况正好说明欧洲大陆和美洲大陆本来是连在一起的，后来裂开分成了两个洲。他把蚯蚓的地理分布作为例证之一写进了他的名著《大陆和海洋的形成》一书。

（二）提问思考法

提问思考法又称设问思考法，就是在思考、发现和处理问题时，通过对现在、过去的事情提出疑问来寻求准确的答案、观念、理论的一种思维方式。

"会长大"的鞋

给正在长大的孩子买鞋是一件让家长非常头疼的事。孩子的脚在不停地长大，而鞋却不会长。鞋子没穿多久就小了，买鞋的速度怎么也赶不上小孩脚丫长大的速度。所以，父母总是喜欢给孩子买大一号的鞋，以便让他们能多穿些日子。但孩子们穿着并不合脚的鞋子走路，就会不由自主地改变走路姿势，从而引发足部的发育问题。能不能让孩子的鞋随着孩子的脚一起长大呢？

德国的一项发明让这个问题迎刃而解。近日,德国科学家米勒的研究小组发明了一种"会长大"的鞋。这种鞋可以随着孩子脚的长大,慢慢延伸,最多可以增加两厘米,从而解决了孩子长得快、买鞋难的问题。

(三) 追问思考法

追问思考法就是由第一个"为什么"所引出的问题,再提问并一直追问下去,直到找出问题的根源以解决问题的思维方式。

为什么的为什么

第二次世界大战后,日本丰田公司曾陷入非常危险的境地,年汽车销量下降到了区区3275辆。一天,一台机器不转动了。

董事长问:"为什么机器停了?"

答:"因为超负荷,保险丝断了。"

问:"为什么超负荷了呢?"

答:"因为轴承部分的润滑不够。"

问:"为什么润滑不够?"

答:"因为润滑泵吸不上油来。"

问:"为什么吸不上油来呢?"

答:"因为油泵轴磨损,松动了。"

问:"为什么磨损了呢?"

答:"因为没有安装过滤器,混进了铁屑。"

反复追问上述几个"为什么"就会发现需要安装过滤器。而如果"为什么"没有问到底,换上保险丝或者换上油泵轴就了事,那么,以后还会再次发生同样的故障。

五个为什么

亚马逊引入了由丰田公司创立的"五个为什么"发问程序,也就是说,遇到一个问题,追问五次"为什么"。

有一次,贝佐斯和管理团队在亚马逊运营中心视察,听说中心发生了一起安全事故,一名同事在传送带上弄伤了手指。贝佐斯就走到白板前,问了五个问题,来调查事故的根本原因。

问题一:为什么同事弄伤了手指?

回答:因为他的大拇指被传送带卡住了。

问题二:为什么他的大拇指被传送带卡住了?
回答:因为他的包在传送带上,他在追他的包。
问题三:为什么他的包在传送带上?他又为什么要追他的包?
回答:因为他把包放在了传送带上,然后传送带意外开始运作。
问题四:为什么他会把包放在了传送带上?
回答:因为他把传送带当成了放包的桌子。
问题五:为什么他会把传送带当成放包的桌子?
回答:因为他工作的地方没有桌子可以放包和其他私人物品。

问完五个为什么,就发现事故的根本原因是这名同事需要找个地方放置他的包,但是他工作的地方附近没有桌子可供放包,于是只能放在传送带上。为了避免此类安全事故再次发生,团队在合适的工作地点放置了可移动的桌子。

(四)目标导向思考法

目标导向思考法就是通过模糊性的"为什么"围绕目标而产生的独特新颖、有价值和高效的创新方法,最终达到目标的思维方式。

案例 9-10

不掉面包屑的面包烤箱

某公司在召集单位职工讨论开发面包烤箱时,请了一位老年清洁女工。她提出要是能生产一种带捕鼠器的烤箱就好了。该老年清洁女工的意见引起哄堂大笑。但是董事长并没有把这种听起来离奇的发言置之不理,而是让老太太说明为什么。老太太说因为烤面包时总是留下不少面包屑,招来老鼠。根据老太太的提案,公司开发出了不掉面包屑的面包烤箱,没有面包屑也就不会引来老鼠了。

质疑思考还可以通过很多方式实施,如联系实际引发质疑、逻辑推理产生质疑、追求因果进行质疑、类比联想进行质疑、逆向思考提出质疑、变换条件进行质疑等。

第二节 5W2H 分析法

一、5W2H 分析法的基本含义

提出问题对于发现问题和解决问题是极其重要的。创造力高的人,都具有善于提出问题的能力。提问题的技巧高,可以激发人的想象力。相反,有些问题提出来,反而挫伤了我们的想象力。

第九章 5W2H法

（一）概念

5W2H分析法又叫七问分析法，可以广泛用于改进工作、改善管理、技术开发、价值分析等方面。它用五个以W开头的英语单词和两个以H开头的英语单词进行概括，帮助我们发现解决问题的线索，寻找发明思路，进行设计构思，从而创造新的发明项目。

5W2H分析法是从客体的本质（What），主体的本质（Who），物质运动的基本形式：时间和空间（When、Where），事情发生的原因（Why）与程度（How、How much）这几个角度来提问，从而形成创新方案的方法。其基本内容如下：

5W包括：

What（做什么）：明确所要进行的活动内容和要求。

Why（为什么做）：活动的原因和目的。

Who（谁去做）：活动的具体执行者。

Where（在什么地方做）：活动的执行地点。

When（在什么时间做）：规定活动的执行时间。

2H包括：

How（怎样做）：活动的执行手段和安排。

How much（成本）：花多少成本去做，要完成多少数量，利润多少。

（二）优点

这七问概括得比较全面，实际上把要做的事情和可能遇到的问题基本都包括进去了。5W2H分析法是一种重要的计划内容，也是一种重要的策划思维方法，它指导我们把事情做对，进而把事情做好。

（1）可以准确界定、清晰表述问题，提高工作效率。

（2）有效掌控事件的本质，完全抓住了事件的主骨架，把事件打回原形思考。

（3）简单、方便，易于理解、使用，富有启发意义。

（4）有助于思路的条理化，杜绝盲目性。有助于全面思考问题，从而避免在流程设计中遗漏项目。

二、5W2H分析法的应用

5W2H分析法给我们提供了启发思维、质疑思考、提出疑问、分析问题、完善任务、防止遗漏的简洁方法。在实际应用中，可以根据不同问题、不同任务需求灵活设计提问的方式、内容或顺序。

1. 操作要领

在5W2H分析法的应用中，要抓住事物的主要特征，根据不同的具体问题性质，设置不同内容的设问。

2. 5W2H 应用步骤

第一步：对某一种现行事物或产品，从七个角度检查提问。为使内容简洁明晰，可把序号、提问项目、提问内容、情况原因和创新方案等栏目列成表格，针对七个设问逐一填写。

第二步：对七个方面的提问逐一审核，将发现的疑点、难点一一列出。

第三步：讨论分析，寻找改进措施。这七个设问彼此联系、相辅相成，应根据原因综合考虑，抓住主要矛盾，提出新的创新方案。

案例 9-11

用户购买行为分析

表 9-1 从产品供应角度列出了 5W2H 用户购买行为分析过程。

表 9-1　用户购买行为 5W2H 分析表

W/H	问题
Who	谁是我们的用户？用户有何特点？
Why	用户购买的目的是什么？产品在哪些方面吸引用户？
What	公司提供了什么产品或服务？与用户需要是否一致？
When	何时购买？多久再次购买？
Where	用户在哪里购买？用户在各个地区的构成是怎样的？
How	用户通过什么方式（渠道）购买？用什么方式支付？
How much	用户购买花费的时间、交通等成本是多少？

当然，这个例子并不代表用户购买行为只是如此。实际上，用户购买行为是一种表现复杂的行为，与产品类别相关，与购买人的特征相关（如年龄），要做到具体问题具体分析。

案例 9-12

突发事件分析

对于一起突发事件、事故或其他特殊情况，用 5W2H 分析法可以如表 9-2 这样展开分析。

表 9-2　突发事件 5W2H 分析表

W/H	问题
What	发生了什么事？是属于常见事故、偶然事故，还是危机？或者仅仅是误会？
When	事件是什么时间开始的？什么时间发现的？什么时间结束的？

续表

W/H	问题
Where	事件是在哪个或哪些地点发生的?
Who	谁是责任人、发现人和其他相关人?
Why	为什么会发生这样的事?事故或危机的直接原因和深层原因是什么?
How	接着会怎样?我们怎么办?
How much	损失是多少?

网站广告投放分析

表9-3列出了应用5W2H分析广告投放的一般分析方法。

表9-3 广告投放 5W2H 分析表

W/H	分析内容	实际操作
Who	投放给"谁"看?	人群定向设置、访客找回设置
Where	投放给"哪儿"的人看?	地域定向设置
When	在"什么时间"投放广告?	时段定向设置
Why	广告投放的"原因"?	黑白名单设置
What	用"什么"浏览器、平台等进行广告投放?	浏览器定向设置、平台位置定向设置等
How	"用怎样的素材类型"进行广告投放?	终端平台选择、创意类型选择
How much	"花多少钱"进行广告投放?	最高出价设置、竞价算法设置

综上所述,只要抓住事物存在的基本方面和制约条件来分析问题,往往会一下子抓住缺陷及背后隐藏的原因,从而使解决问题的范围得以确定或使问题迎刃而解。

5W2H分析法是抓住主要矛盾,从总体上把握,进行分析思考的创新思维方法,其实用性强,效果显著。在运用时,每个问题往往还需要分解成许多更小的问题,再逐一回答,才可使方案设想日臻完美。

校园周边小吃问题

(1)训练目的:借助5W2H分析法,创造性地分析和解决问题。

（2）训练步骤：校园周边总是会有很多小吃摊点，食品卫生和安全都得不到保障，有关部门屡禁不止。请应用5W2H分析法对这一问题进行分析，并提出解决方案，填写下表。

W/H	问　　题	方　　案
Who		
Where		
When		
Why		
What		
How		
How much		
解决办法		

第十章 和田十二法

学习目标

(1) 知识目标：理解动态思考是什么，了解和田十二法的简要内容。
(2) 技能目标：掌握以动态思考方式解决问题的十二条思路，诱发创造性设想。
(3) 体验目标：感受和田十二法在日常生活中的重要作用，体验它打开人们的创造思路，从而获得创造性设想的思路提示法。

人类的大脑互动性非常强，每一个行为都要调动大脑的多个区域共同参与。实际上，思维上的突破多发生在大脑动态运行的时候，也就是在寻找事物间新关联的过程中。例如，爱因斯坦就充分利用了动态思考的方法。作为科学家和数学家，他的才能是传奇的，然而他渴望了解所有的表达形式，相信那些挑战思维的东西都能通过各种方式加以利用。例如，他找诗人聊天，就是为了更多地体会直觉和想象力在思考中的作用。他的成功并非来自高智商，而是动态思考的想象力和创造力。

第一节 认识动态思考

一、动态思考的含义

动态思考是指一种运动的、调整性的、不断优化的思维活动。动态思考强调思考过程的动态性，也就是避免静止地看待问题。具体地讲，它是非传统的、非书本的、特色的、能动的、联系的思考方式，根据不断变化的环境、条件来改变我们的思考程序、方向，对思维进行调整、控制，从而达到优化思维的目标。动态思考的逻辑表现是辩证逻辑，并具有以变动性、协调性为主的思维特色。

动态思考是一种用变化、发展的眼光看世界的思维方法，在科学技术与社会生活高速发展变化的今天尤其具有积极意义。互联网和经济全球化使整个社会相互连接起来，形成一个巨大的、动态的联系网，每个国家、社会及事物都是这张网上的纽结，处于一种不断运动、变化、发展之中。生产不断变革，一切社会关系不停动荡，永远不安定。因此，以前在思维方式中占统治地位的静态思考方法逐步让位于动态思考方法。

A＞B＞C

根据"A＞B＞C"思考下面几个问题：

1. A＞B＞C。这是什么？

回答：不等式。正确。

2. 它是由哪些符号组成的？

回答：三个字母、两个大于号。错误，应该是三个字母，两个大于号，两个小于号。可以从左向右看，也可以从右向左看。为什么一定要从左到右呢？现在人们一般的书写习惯是从左到右。但中国传统的书写格式是从上到下、从右到左。

3. A、B、C是什么？

回答：字母。不完全正确。另一种回答：代表数字。不完全正确。受数学的影响，思维固化了。

因为前面已明确是不等式，它只是带有普遍意义的符号。既是字母，又代指其他事物，代表一切符合条件的事物。所以回答不完全正确。比如，还可以表示爷爷、爸爸、儿子的年龄，总理、省长、县长的职务。

这就是静态思考与动态思考的区别。在从左向右的确定性前提下，是三个字母和两个大于号；在数学公式的确定性前提下，是三个字母代表三个数字。但没有确定性的前提时，动态思考的结论就会不同了。因为动态思考是多点的、多向的、多层面的、多维的。今天要讨论的，就是关于动态思考的一般原理和方法。

小小的10万元与大大的1分钱

甲、乙两人打赌，双方商定在两个月内，甲每天给乙10万元，乙每天只给甲1分钱但必须每天加一倍。乙心中暗喜，以为得了大便宜，于是一口答应。等到第十天时，乙口袋里已经装进100万元，而自己只付出5.12元钱，心里还后悔当时要是定三个月，不是可以赚得更多吗？想不到随着时间的推移，双方的进账开始逆转，并一发不可收拾。小伙伴们知道第60天时乙应当付给甲多少钱吗？2500亿元都不够！

这则故事让我们体会到发展着的东西和停滞的东西在本质上的区别。孕育着变化和发展的时间是多么神奇，一切登峰造极的演化都和时间结下了不解之缘。

由此可见，动态思考是一种用变化发展的眼光看世界的方法，运用到生活中具有非常积极的意义。

赚钱的茄子

有一年,某地的茄子出乎意料得贵,有一个农民由于种了许多茄子而大赚了一笔,那些没有种茄子的人看在眼里疼在心里,抱怨自己失去了一次发财的好机会,许多人暗暗下决心第二年多种茄子。结果由于人人都种了茄子,导致第二年茄子的价格暴跌,大家都损失惨重。可是却有一个人大赚了一笔,就是那位第一年种了茄子的农民,因为第二年他专门种茄子的秧苗。

这个例子告诉我们,动态思考由于运用联系和发展的眼光看问题,所以也体现出前瞻性的积极态度。

都 在 前 面

有三个著名演员应邀到一个剧场同台演出。他们向剧场经理提出同样一个要求,即在宣传海报上把自己的名字排在前面,否则,他们将退出演出。三名演员同台献艺的消息早已传出,不可能改为个人专场演出。何况这几位演员都是当红明星,得罪哪一个都对剧场经营不利。不过剧场经理略经思索之后就满口答应了他们的要求。到演出那天,三位演员到剧场一看,海报不是一般的纸面形式,而是一个不断转动的大灯笼,三个演员的名字都写在灯笼上,三个名字转圈出现,谁都可以说自己的名字排在前面,于是三位演员皆大欢喜地参加了演出。

静止是相对的、有条件的、暂时的,运动是绝对的、无条件的、永恒的,动中有静,静中有动。由此推想:当我们碰到难题,如果用静态思维不能解决时,那就改用动态思考试试。

剧场经理就是运用了动态思考。这一"动",不仅"动"出了经济效益,而且"动"出了创造性的智慧,所以人的思维应具有辩证性,不应该拘于一端,当一方受阻时,应改向他方出击。

二、动态思考的要素

动态思考法有自己的模式和思维过程,这就是要不断地输入新的信息,并根据新的信息进行分析、比较,依据变化了的情况形成新的思维目标、思维方向,确定新的方案、对策,然后输出经过改造了的信息,对事情、工作实施新的方案,再把实施新方案的情况、信息反馈回来,再进行分析、调整。简言之,动态思考的模式为:收集新资料—制定新方案—实施—反馈—调整新方案。经过这些动态的步骤之后,思维的目标差就会缩小,人们对客观事物的控制和改造更为有效。要使思维符合动态性的要

求,就必须具备以下四个要素:

1. 信息要素

信息要素就是指信息、情报、资料、情况。信息要素是动态思考的指示器和方向盘,思维往哪个方向运动、如何抓住问题的症结,都依所获信息而定。没有信息,动态思考就是盲目的运动。

2. 反馈要素

输出的信息,其结果如何必须收集回来,为确定下一步的行动方案提供依据,这就是反馈。反馈要素要求不断总结经验,不断校正自己的思想偏差,从而使思维不断地逼近目标。没有反馈要素,思维就只有单方向的运动,其结果是符合思维目标还是偏离思维目标无从得知。如果是后者,甚至会出现南辕北辙的局面。

3. 控制要素

控制要素由信息要素和反馈要素结合而成。动态思考过程通过信息的输入、输出和反馈,不断修正和调整行为、方法和措施,控制周围环境的变化,使思考者获得主动权。在整个控制过程中,系统对外达到了自己认识世界、改造客体的目的,对内调整了自己已有的思维和行为程序,提高了自身思维的有序性。

4. 变动要素

动态思考总是处于不断变动之中,不断地调整各方面的关系,使思维与环境产生一种适应性,以便在各种不同变化的情况下做出相应的反应。

总之,动态思考是由上述四要素构成的,这四个要素以一定的方式结合起来就构成了思维的动态过程。

第二节 认识和田十二法

运用动态思考的方式,对一个被研究的对象提出一系列可能使其发生变化的问题,如能变大吗？能变形吗？并朝着每一个提问的方向去思考,就有可能产生新的创意、新的设想和新的方案。和田十二法就是这样一种简单易行的动态思考法。

一、和田十二法的基本内容

和田十二法是我国学者许立言、张福奎在奥斯本检核表法基础上,借用其基本原理加以创造而提出的一种思维技法。简单的十二个字"加""减""扩""缩""变""改""联""代""搬""反""定""学",概括了解决发明问题的12条思路。如果按这十二个字的角度进行核对和思考,就能从中得到启发,诱发人们的创造性设想。

二、和田十二法详解

许多创造并不一定是人们苦思冥想和不断尝试的结果,其可能只是诞生于某个巧合,也可能只是应用了某些简单的创新技巧和方法。例如,一个欧洲的磨镜片工人,在一次偶然间把一块凸透镜片与一块凹透镜片加在一起,当他透过这两片镜片向远处看时,惊讶地发现远处的物体可以移到眼前来。后来,科学家伽利略得知了这个发现,他对这个意外"加一加"而形成的事物进行研究,发明了望远镜。

在前人创新工作的基础上,我国创造学学者结合我国的实际情况,根据上海市和田路小学开展创造发明活动中所采用的各种技法,提炼了包含上述"加一加"在内的"和田十二法",又称"思路提示法"。该技法已在世界各国广泛传播使用。

1. 加一加

当我们在进行某种创新活动时,可以考虑在这件事物上还能添加什么,把这件物品加高、加厚、加宽、加长一点行不行,或者能否在形状上、尺寸上、功能上使原物品有所"异样"或"更新",以求实现创新。

2. 减一减

原来的事物可否减去点什么?如将原来的物品缩短、降低、减少、减轻、变窄、减薄一点等,这个事物会变成什么新事物?它的功能、用途会发生什么变化?在工作过程中,减少时间、次数可以吗?这样会有什么效果?这些问题都是"减一减"方法的思考方向。

3. 扩一扩

"扩一扩"可以思考的问题,如,现有物品的功能、结构等方面还能扩展吗?扩大一点,放大一点,会使物品发生哪些变化?这件物品除了主要用途外,还能扩展出其他用途吗?

4. 缩一缩

"缩一缩"是指如果将原来物品的体积缩小一点,长度缩短一点,是不是能开发出新的物品。

5. 变一变

"变一变"是改变原有物品的形状、尺寸、滋味、颜色等,看能不能形成新的物品。此外,还能从物品的内部结构上,如部件、材料、成分、排列顺序、高度、长度、密度和浓度等方面去变化;也可以从使用对象、用途、场合、方式、时间、方便性和广泛性等方面变化;或者从制造工艺、质量和数量,对事物的习惯性看法、处理办法及思维方式等方面去变化。

6. 改一改

"改一改"是从事物的缺点和不足入手,像不安全、不方便、不美观等方面,然后提出有效的改进措施,促进发明和创新。

7. 联一联

"联一联"是探讨某一事物和其他哪些事物有联系。或和哪些因素有联系。利用这种联系,通过"联一联"形成新功能,开发出新产品。

8. 代一代

"代一代"是指利用其他的事物或方法来代替现有的事物或方法,从而产生新的产品。尽管有些事物或方法应用的领域不同,但其本质上具有相同的功能。因此,可以试着替代,既可以直接寻找现有事物的替代品,也可以从材料、零部件、方法、颜色、形状和声音等方面进行局部替代。看替代以后会产生哪些变化,会有什么好的结果,能解决哪些实际问题。

9. 搬一搬

"搬一搬"是将原事物或原设想、技术移至别处,使之产生新的事物、新的设想和新的技术。即把一件事物移到别处,看还能产生什么新用途,某个想法、原理、技术搬到别的场合或地方,能否派上别的用处。

10. 反一反

"反一反"是指将某一事物的性质、形态、功能及其里外、横竖、正反、上下、左右、前后等加以颠倒,从而产生新的事物。"反一反"应用的就是我们前面学习过的逆向思维,即从相反方向思考问题。

11. 定一定

"定一定"是指对某些发明或产品定出新的标准、顺序、型号,或者为改进某种东西,为提高学习和工作效率及防止可能发生的不良后果做出的一些新规定,从而进行创新的一种思路。

12. 学一学

"学一学"是学习或者模仿其他物品的形状、结构、动作等,以求创新。

和田十二法的基本思路可归纳为"和田技法检核表",见表10-1。

表10-1 和田技法检核表

序 号	检 核 内 容
1	加一加:加高、加厚、加多、组合等
2	减一减:减轻、减少、省略等
3	扩一扩:放大、扩大、提高功效等
4	缩一缩:压缩、缩小、微型化
5	变一变:变形状、颜色、气味、次序等
6	改一改:改缺点、不便、不足之处

续表

序 号	检 核 内 容
7	联一联:原因和结果有何联系,把某些东西联系起来
8	代一代:用别的材料代替,用别的方法代替
9	搬一搬:移作他用
10	反一反:能否颠倒一下
11	定一定:定个界限、标准,能提高工作效率
12	学一学:模仿其他物品的形状、结构、方法,学习先进

如果按照"和田技法检核表"中所提示的十二个"一"的思路进行核对与思考,就能从中得到启发,激发人们的创造性设想。因此,和田十二法是启发人们创造性思维的思路提示法。

三、和田十二法的应用案例

1. "加一加"的应用案例

一家名为普拉斯的文具公司应用"加一加"原理对文具盒进行改进,在文具盒上安装了电子表、温度计,甚至使文具盒可以成为一个变形金刚等,花样繁多。因文具盒样式丰富,迎合了少年儿童的心理和兴趣,促使销量大增,很快成为风行全球的商品,普拉斯也成了知名品牌。再如,在 MP3 上加收音机的功能,MP3 的价格就提高了;冰箱厂商海尔将其一款冰箱加上了电脑桌的功能,在美国备受消费者喜爱。

2. "减一减"的应用案例

大家熟悉的隐形眼镜就是将镜片减薄、减小,并减去了镜架而发明的。再如,移动硬盘的体积越小携带越方便,销量就越高;我们购买的米、面等食品改成小包装后反倒卖的更快。市场上有很多昂贵的多功能数码相机,但其 90% 的功能消费者根本不会使用;如果减掉相机的很多功能,不仅降低了生产成本,更能满足一部分经济型消费者的需求,销售量不降反增。

3. "扩一扩"的应用案例

大家知道吹风机是吹头发的。但日本人想利用吹风机去烘干潮湿的被褥,扩展它的用途,在吹风机的基础上发明了被褥烘干机。再如,把一般望远镜扩成天文望远镜,它的能见度是人眼的 4 万倍,放大率可达 3000 倍。

4. "缩一缩"的应用案例

我国的微雕艺术是世界领先的,其实质也是"缩一缩"。它缩小的程度是惊人的,能在头发丝上刻出伟人的头像、名人诗句等,成为一件件昂贵的珍品。生活中的袖珍词典、微型录音机、照相机、浓缩味精、浓缩洗衣剂(粉)等都是"缩一缩"的结果。

5. "变一变"的应用案例

任何企业的创新都离不开"变一变",如果食品生产厂家不注重产品的花样翻新,就无法开发出形状、颜色、味道各不相同的新产品,也就无法使企业发展壮大。如果企业不拘现状不断开发新产品,那么企业就会充满生机和活力。又如,Swatch 手表款式非常多,注入了心情、季节、时尚等元素,受到全世界消费者的青睐。

6. "改一改"的应用案例

"改一改"技巧的应用范围很广,如拨盘式电话机改为琴键式电话机,手动抽水马桶改为自动感应式抽水马桶等。再如,一般的水壶在倒水时,由于壶身倾斜、壶盖易掉,而使蒸气溢出烫伤手,成都市的中学生田波想了个办法克服水壶的这个缺点。他将一块铝片铆在水壶柄后端,但又不太紧,使铝片另一端可前后摆动。灌水时,壶身前倾,壶柄后端的铝片也随着向前摆,而顶住了壶盖,使壶盖不能掀开。水灌完后,水壶平放,铝片随着后摆,壶盖又能方便地打开了。

7. "联一联"的应用案例

把两个原本没有联系的事物联系起来,如将计算机与机床联系起来产生的数控机床。再如,澳大利亚曾发生过这样一件事,在收获季节里,有人发现一片甘蔗田里的甘蔗产量提高了 50%。这是由于甘蔗栽种前一个月,有一些水泥洒落在这块田地里。科学家们分析后认为,是水泥中的硅酸钙改良了土壤的酸性而促使甘蔗增产。这种将结果与原因联系起来的分析方法经常能使我们发现一些新的现象与原理,从而引出发明。由于硅酸钙可以改良土壤的酸性,于是人们研制出了改良酸性土壤的"水泥肥料"。

8. "代一代"的应用案例

曹冲称象、乌鸦喝水等故事都可以说是"代一代"的典型事例。又如,用各种快餐盒代替传统的饭盒,用复合材料代替木材、钢铁等。山西省阳泉市小学生张大东发明的按扣开关正是用"代一代"的方法发明的。张大东发现家中有许多用电池作为电源的电器没有开关,使用时很不方便。他想出一个"用按扣代替开关"的办法,他找来旧衣服上无用的按扣,将两片按扣分别焊上两根电线头。扣上按扣,电源就接通了;掰开按扣,电源又切断了。

9. "搬一搬"的应用案例

"搬一搬"也是在创新活动中应用十分广泛的技法。例如,利用激光的特点来进行激光切割、激光打孔、激光磁盘、激光唱片、激光测量和激光治疗近视眼等。再如,将普通照明电灯通过改变光线的波长,可以制成紫外线灭菌灯、红外线加热灯等,改变灯泡的颜色,又可以变成装饰彩灯;灯泡被放在路口,便成了交通信号灯。

10. "反一反"的应用案例

世人皆知的"司马光砸缸"的故事就是"反一反"的典型事例。一个小朋友不慎掉进了水缸里,司马光打破要救人就必须"人离开水"的常规想法,而是把缸砸破同样拯救了小朋友的生命。再如,一般的动物园都是将动物关在笼子里,游客在笼子外面观看,而野生动物园是让游客进入铁笼子车里,把猛兽放到笼子外面,颠倒了之后满足了游客寻求刺激的心理,票价也更高。

11."定一定"的应用案例

有人用"定一定"原理发明了一种"定位防近视警报器"。它的原理是用微型水银密封开关,并将此开关与电子元件、发音器共同安装于头戴式耳机上,经调节后规定了头部至桌面的距离,当使用者的头部与桌面的距离低于此规定值时,微型水银开关就会接通电源发出警告声,提醒使用者端正坐姿。再如,营销从某种意义来说就是定位,宝洁公司对其旗下产品进行明确定位,海飞丝的定位是去头屑,飘柔的定位是柔顺,潘婷被定位为护发,沙宣被定位为专业美发。

12."学一学"的应用案例

"学一学"更是创新活动惯用的思路。科学家研究了鱼在水中的行动方式,发明了潜水艇;学习了蝙蝠的飞行原理,发明了雷达;学习了鲸在海洋中游动的形态,把船体改进成流线型,使轮船航行的速度大大提高。

充气轮胎

英国人邓禄普看到儿子骑着硬轮自行车在卵石道上颠簸行驶,非常危险。他便产生了发明一种可以减小震动的轮胎的想法。他在浇水的橡皮管具有弹性的启发下,应用橡胶的弹性,最终成功地发明了充气轮胎。

开发某种新产品,应用和田十二法逐项提问,为开发新产品提出新的设想,填写下表。

示例:新型手环

方　　法	新设想简要说明	新设想名称
加一加		
减一减		
扩一扩		
缩一缩		
变一变		

续表

方　　法	新设想简要说明	新设想名称
改一改		
联一联		
代一代		
搬一搬		
反一反		
定一定		
学一学		

第十一章 TRIZ 创新方法

（1）知识目标：了解 TRIZ 的基本概念、TRIZ 的发展历程。
（2）技能目标：学会 TRIZ 创新思维方法。
（3）体验目标：运用 TRIZ 创新思维，推动创新发展。

在实际工作、生活中，我们经常会遇到各种各样的技术问题，但是由于每个人的知识、经验、阅历不同，即便是同样的问题，有些人解决起来相对容易，而另一些人不能解决或费很大的精力才能解决。科学研究发现，人们的创造能力、创新意识的高低强弱，并不是天生的或依靠灵感产生的，而是完全可以借助某些理论或方法在后天培养和锻炼出来的。本章，我们就来学习一种世界著名的、能帮助我们高效解决各种技术问题的通用理论——TRIZ。

第一节 TRIZ 概述

案例 11-1

俄罗斯套娃和乐扣饭盒

风靡世界的发明俄罗斯套娃和乐扣饭盒，虽然在功能、形状、材料等方面大不相同，但如果我们从原理的角度进行分析，就会发现它们应用了相同的原理，即把一个物体嵌入另外一个物体，然后将这两个物体再嵌入第三个物体，以此类推。

如果有人能进行类似系统化的研究，将众多的最佳解决方法进行系统化的总结，再将其转化成若干明确的"规则"，进而发展成具有完整"模型"的方法学作为指导实践的理论，岂不会使发明创造变得事半功倍？终于有人完成了这一创举，这个人就是苏联伟大的创造学家、发明家根里奇·阿奇舒勒（Genrich S. Altshuller）（见图 11-1）。在 20 世纪中叶，阿奇舒勒和他的同事们在研究了来自世界各国上百万个专利的基础上，提出了一套体系相对完整的"发明问题解决理论"（TRIZ），为学习如何发明、创造及实践应用提出了新的可能性。

图 11-1　根里奇·阿奇舒勒

一、TRIZ 的基本概念

TRIZ 为俄文转换成拉丁字母后的缩写，俄文含义是发明问题解决理论。英文全称是 theory of inventive problem solving（发明问题解决理论），在欧美国家可缩写为 TIPS，国内称为萃智。

二、TRIZ 的发展历程

1946 年，年仅 20 岁的阿奇舒勒因出色的发明才能而成为苏联里海舰队专利部的一名专利审查员。从此开始，他有机会接触并对大量的专利进行分析研究，开始了对专利长达五十多年的研究。

阿奇舒勒通过研究发现，发明是有一定规律的，即发明过程中应用的科学原理和法则是客观存在的，大量发明面临着相同的基本问题和矛盾。人们在不同的技术领域不断重复使用相同的技术发明原理和相应的问题解决方案。因此，如果能对已有的知识进行提炼、重组，并形成系统化的理论，就可以用来指导后来者的发明创造、创新和产品开发。在此思想的指导下，阿奇舒勒带领苏联的专家们一起经过半个多世纪的探索，对数以百万计的专利文献和自然科学知识加以搜集、整理、研究、提炼，终于建立起了一整套体系化的、实用的解决发明问题的理论和方法体系，这就是 TRIZ。在当时，由于处于冷战时期，该理论未被西方国家所掌握。直至大批 TRIZ 的研究人员在苏联解体后移居到欧美，TRIZ 才被系统地传入西方国家，并在短时间内引起了学术界和企业界的广泛关注。特别是当 TRIZ 传入美国后，学者们在密歇根州等地成立了 TRIZ 研究咨询机构，继续进行深入研究，使 TRIZ 得到了更加深入的应用和发展。

三、TRIZ 在中国的发展

20 世纪 80 年代中期,我国的部分科技工作者和学者们开始学习和应用 TRIZ,并做了相关资料的翻译和技术跟踪工作。20 世纪 90 年代中后期,我国部分高校开始跟踪、研究 TRIZ,在本科生和研究生课程中逐渐引入 TRIZ,并对其进行了持续的研究和应用。从 21 世纪开始,TRIZ 的应用范围扩展至企业界。近年来,TRIZ 作为一种实用的创新方法学,越来越受到企业界和科技界的青睐。2004 年,TRIZ 国际认证进入中国,中国的 TRIZ 研究工作开始同国际接轨。2007 年,国家科学技术部从建设创新型国家的战略高度出发,提出大力开展技术创新方法工作,并和部分地方政府的科技厅展开了大范围的 TRIZ 推广与普及活动,是中国为 TRIZ 的发展做出新的重要贡献的标志。2008 年,国家科学技术部、教育部、发展和改革委员会、中国科学技术协会等部委、协会联合发布了《关于加强创新方法工作的若干意见》,明确了创新方法工作的指导思想、工作思路、重要任务及其保障措施等。到 2013 年,全国 6 批共 28 个省(区、市)开展了以 TRIZ 理论体系为主的创新方法的应用工作。

四、经典 TRIZ 的内涵体系

TRIZ 包含着许多系统、科学而又富有可操作性的创造性思维方法和发明问题的分析方法与解决工具。经过半个多世纪的发展,TRIZ 形成了九大经典理论体系。

1. 技术系统进化法则

技术系统进化法则揭示了系统发展变化的规律与模式,是 TRIZ 的理论基础;可以直接用来帮助解决新产品研发中的问题,预测技术和产品的未来发展,并对产品的技术成熟度进行评价;是企业进行专利布局和实施专利战略的有效工具。

2. 最终理想解

TRIZ 理论在解决问题之初,首先抛开各种客观限制条件,通过理想化来定义问题的最终理想解(ideal final result,IFR),以明确理想解所在的方向和位置,保证在问题解决过程中沿着此目标前进并获得最终理想解,从而避免了传统创新设计方法中缺乏目标的弊端,提升了创新设计的效率。它是跨领域解决问题和进行原始创新的有效工具。

3. 40 个发明原理

TRIZ 在研究了 250 万份世界高水平专利后总结出的发明背后所隐藏的共性发明原则。每一个发明原理都可以直接用于解决各类技术与管理中的冲突问题。

4. 39 个工程参数和阿奇舒勒冲突矩阵

在对专利的研究中,阿奇舒勒发现,仅用 39 个工程参数即可表述各领域存在的形形色色的技术冲突,而这些专利都是在不同的领域解决这些工程参数的冲突与矛盾。这些冲突彼此相对改善和恶化,它们不断地出现,又不断地被解决。他在总结出解决这些冲突的 40 个发明原理之后,将这些冲突与发明原理组成了著名的阿奇舒勒冲突矩阵。阿奇舒勒冲突矩阵为问题解决者提供了一个可以根据系统中产生冲突的两个工程参数,从矩阵表中直接查找化解该冲突的发明原理的途径与方法,这里阿奇舒勒总结了 1263 对典型冲突。

5. 物理冲突和分离原理

当技术系统的某一个工程参数具有不同属性的需求时,就出现了物理冲突,分离原理是针对物理冲突的解决而提出的。

6. 物-场分析模型

阿奇舒勒认为,每一个技术系统都可由许多功能不同的子系统组成,所有的功能都可以由两种物质和一种场即物-场模型来表示。产品是功能的一种实现,物-场模型的存在具有普遍性,因而通过物-场分析解决问题是 TRIZ 中一种有效的分析工具。

7. 发明问题的标准解法

阿奇舒勒将发明问题分为标准问题与非标准问题,针对标准问题总结了 76 个标准解法,分成 5 级,各级中解法的先后顺序也反映了技术系统必然的进化过程和进化方向。利用标准解法可以将标准问题在一两步中快速解决,标准解法是阿奇舒勒后期进行 TRIZ 研究的最重要的课题,同时也是 TRIZ 高级理论的精华。

8. 发明问题解决算法(ARIZ)

发明问题解决算法(algorithm for inventive-problem solving,ARIZ)是发明问题解决过程中应遵循的理论方法和步骤。ARIZ 是基于技术系统进化法则的一套完整的问题解决程序,是针对非标准问题而提出的一套解决算法。成功应用 ARIZ 的关键在于,在理解问题的本质前,要不断地对问题进行细化,一直到确定了物理冲突。该过程及物理冲突的求解已有软件支持。

9. 科学效应和现象知识库

解决发明问题时会经常遇到需要实现的 30 种功能,这些功能的实现经常要用到 100 个科学效应和现象。阿奇舒勒对此进行了系统的总结,实现了功能与效应的科学对接。科学效应和现象的应用,对发明问题的解决具有超乎想象的、强有力的帮助。科学效应和现象知识库是 TRIZ 中最容易使用的一种工具。

第二节　TRIZ 创新思维方法

固特异发明硫化橡胶

橡胶作为一种古老的材料很早就被东方先民用于制作黏合剂。19 世纪初,英国和美国兴起了早期的橡胶工业。但橡胶有一个致命的缺点：温度稍高就会变软变黏，温度低就会变脆变硬。

1834年夏天，查尔斯·固特异（Charles Goodyear）决心对橡胶进行改进。有一天，当他用酸性蒸汽加工树胶的时候，发现树胶得到了很大的改善，他获得了第一次成功。此后，他又做了许多次尝试，最后终于发现了使橡胶完全硬化的第二个条件：加热。1839年1月，固特异的试验有了重大突破，他偶然将橡胶、氧化铅和硫黄在一起加热，"橡胶硫化技术"问世。1841年，固特异选配出获取优质橡胶的最佳方案。

固特异是非常幸运的，他一生解决了一个难题。而实际上大多数研究者在解决类似的难题时，往往穷其一生也可能没有任何结果。

固特异使用的就是发明创新中常用的试错法。在19世纪，电灯、电报、电话、收音机、电影、照相机等的发明都是由试错法带来的。然而，实际中常常会出现一些棘手的创造性难题，依靠试错法解决它们要耗费数十年的时间。这些难题并不都是那么复杂，但就算是简单的问题，试错法也常常束手无策，无计可施。

相对于传统的创新方法，TRIZ具有鲜明的特点和优势。TRIZ的创新思维在遵循客观规律的基础上，引导人们沿着一定的维度进行发散思维，在宏观到微观之间往复发散，可以在尺寸、成本、资源等多个维度进行发散思考。从结构、时间以及因果关系等多维度对问题进行全面、系统的分析，帮助我们在发散的同时有效地进行快速的收敛，不至于成为"脱缰的野马"。

运用TRIZ可以给我们以下启示：创新将像从事技术工作一样成为可能；创新不再是专家的"灵光一现"，创新可以持续不断地进行下去；对问题进行系统分析，高效发现问题本质，使准确定义问题和矛盾成为可能；对创新性问题或者矛盾解决提供更合理的方案和更好的创意；打破思维定式，激发创新思维，从更广的视角看待问题；基于技术系统进化规律，准确确定探索方向，预测未来发展趋势，开发新产品；打破知识领域界限，实现技术突破。

一、九屏幕法

九屏幕法能够从系统层面上发散，有"超系统、系统、子系统"三个层面；从时间上发散，有三个系统层面的"过去、现在、将来"时态。该方法不仅研究问题的现状，而且考虑与之相关的过去、未来和子系统、超系统等多方面的状态。简单地说，九屏幕法就是以空间为纵轴，来考察"当前系统"及其"子系统"和"超系统"；以时间为横轴，来考察上述三种状态的"过去"及其"现在"和"未来"，这样就构成了系统九屏幕模型。

根据系统论的观点，系统由多个子系统组成，并通过子系统的相互作用实现一定的功能。系统之外的高层次系统称为超系统，系统之内的低层次系统称为子系统，正在发生当前问题的系统称为当前系统。

例如，当观察和研究一棵树的时候，当前系统就是树；树是森林的一部分，超系统就是森林;树由树叶、树根、树干组成,子系统就是树叶、树根、树干。

当人们困惑于石油、煤等资源越来越少的时候,想想我们所处的超系统有很多可以利用的资源,太阳能、风能甚至潮汐也能发电;再想想我们拥有的子系统,垃圾可以发电、中水可以利用。运用九屏幕法思考,能预测未来,寻找到更多的资源。

九屏幕法可以帮助我们多角度看待问题,突破原有思维局限,多个方面和层次去寻找可利用的资源,更好地解决问题。

二、最终理想解法

最终理想解法是指系统在保持有用功能正常运作的同时,能够自行消除有害的、不足的、过度的功能。最理想的技术系统作为物理实体并不存在,但却能够实现所有必要的功能。通常采用如下的公式来衡量产品的理想化程度。

理想度＝所有有用功能÷(所有有害功能＋成本)

公式可解释为:技术系统进化的理想化水平与有用功能成正比,与有害功能及成本之和成反比,即有用功能大,有害功能及成本之和小,理想化水平高。

有用功能,如系统功能、效能、效益,等等;成本,如材料成本、加工成本、营销成本,等等;有害功能,如系统矛盾,等等。

例如,与走路相比,自行车的理想度＝省一些时间÷(会脚酸＋花一些钱);改用摩托车后的理想度＝省更多时间÷(脚不会酸＋花较多钱),理想度可能会提高。

传统观念认为:需要实现某功能,就需要制造某种装置。而 TRIZ 理论认为:需要实现某种功能时,如何能够不引入某种装置而实现该功能,这就是理想化。理想化的应用包含理想过程、理想方法、理想机器和理想物质等。

理想过程:只有过程的结果,而无过程本身。

理想方法:不消耗能量及时间,但通过自身调节,能够获得所需的效应。

理想机器:没有质量、没有体积,但能完成所需要的工作。

理想物质:没有物质,功能就得以实现。

案例 11-3

科学家的理想模型

爱因斯坦是 20 世纪卓越的理想实验大师。爱因斯坦的狭义相对论源于追光理想实验。爱因斯坦创建广义相对论的突破口为等效原理,亦源于理想实验。

卢瑟福的原子有核模型是科学史上最著名的理想模型之一。1907 年,卢瑟福为了验证他导师的原子模型,建议研究生观察镭发射出的高速 α 粒子穿过薄的金属箔片后的偏转情况,结果出人意料。卢瑟福以 α 粒子实验为事实根据,发挥思维的力量建立起类似太阳系结构的原子有核模型,开创了原子能时代。

产品处于进化之中,进化的过程就是产品由低级向高级演化的过程。数控机床是普通机床的高级阶段,加工中心又是数控机床的高级阶段;彩色电视机是黑白电视机的高级阶段,液晶高清晰度彩电又是彩电的高级阶段;彩屏、照相手机是"大哥大"手机的高级阶段,触摸屏手机又是键盘手机的高级阶段。在进化的某一阶段,不同产品进化的方向是不同的,如降低成本、增加功能、提高可靠性、减少污染等都是产品可能的进化方向。如果将所有产品作为一个整体,低成本、强功能、高可靠性、无污染等是产品的理想状态。产品处于理想状态时称为理想解。因此,每种产品都向着它的理想解进化。

理想解确定的步骤是:(1)设计的最终目的是什么?(2)理想解是什么?(3)达到理想解的障碍是什么?(4)出现障碍的结果是什么?(5)不出现这种障碍的条件是什么?(6)创造这些条件存在的可用资源是什么?

三、资源分析法

解决问题实质上就是对资源的合理应用。设计中的可用资源对创新起着重要作用,问题的解越接近理想解,可用资源就越重要。任何系统,只要还没有达到理想解,就应该具有可用资源。

1. 资源定义

资源是一切可被人类开发和利用的物质、能量和信息的总称。农业经济阶段资源主要取决于劳动力资源的占有和配置,开发自然资源的能力很低;工业经济阶段主要取决于自然资源的占有和配置,而大部分可认识资源都成为短缺资源;知识经济阶段主要取决于智力资源的占有和配置,人类认识资源的能力大大增强,自然资源的作用退居次要地位。

理想资源是指无穷无尽的资源,可随意使用,而且不必付费。如功能上带来有用作用的资源,或减少有害作用的资源;数量上足够用的资源,无限的资源;成本上免费的、廉价的资源。

2. 资源分类

(1) 物质资源。系统及超系统的任何材料或物质。

例如,原材料、产品、组件、废料等,包括免费或廉价物质(水、空气、砂子等)。

(2) 能量资源。系统或超系统中任何可用的场。

例如,机械能(旋转、压力、压强等);热能(加热、冷却等);化学能(化学反应产生的热能、新物质等);电能和磁能。

(3) 时间资源。在系统的各种流程操作过程中,利用一些时间提供有用功能。

例如,运行之前、之中、之后的时间;预处理;同时作用(并行工程);运输的过程中加工;事后处理;移除、再生、测量;操作之间的停顿、空闲的时间;清洁、改造、测量。

(4) 空间资源。系统及周围可用的闲置空间。

例如,内、外;上、下;正、反;组件之间;其他未用的空间。

(5) 功能资源。利用系统的已有组件产生新的功能。

例如,铅笔除了作为书写工具,还有其他多种功能。

(6) 信息资源。系统中累积的任何知识、信息、技能,常用于检测和测量。信息资源是各种事物形态、内在规律,与其他事物联系等各种条件、关系的反映,对人们的工作、生活至关重要,是国民经济和社会发展的重要战略资源。

认识能源资源

世界能源委员会推介按能源的形态、特性或转换和利用的层次进行分类。

1. 按形成,可分为从自然界直接取得且不改变其基本形态的一次能源或初级能源,如煤炭、石油、天然气、太阳能、风能、水能、生物质能、地热能等;经过自然的或人工的加工转换成另一形态的二次能源,如电能、汽油、柴油、酒精、煤气、氢能等。

2. 按能否再生,可分为能够不断得到补充供使用的可再生能源,如风能;须经漫长的地质年代才能形成,无法在短期内再生的不可再生能源,如煤、石油等。

3. 按对环境影响程度,可分为清洁型能源,如风能;污染型能源,如煤炭。

4. 按利用情况,可分为已经大规模生产和广泛使用的常规能源,如石油、天然气、水能和核裂变能等;推广使用的新能源,如太阳能、海洋能、地热能、生物质能等。新能源大部分是天然和可再生的。

5. 按来源分为四类:一是来自太阳的能量,包括太阳辐射能和间接来自太阳能的生物能等;二是蕴藏于地球内部的地热能;三是各种核燃料,即原子核能;四是月亮、太阳等天体与地球的相互吸引所产生的能量,如潮汐能。

3. 资源利用的原则

设计过程中所用到的资源不一定非常适用,需要认真挖掘才能成为有用资源,需要遵循以下原则。

(1) 将所有的资源首先集中于最重要的操作或子系统。

(2) 合理地、有效地利用资源,避免资源损失、浪费等。

(3) 将资源集中到特定的空间和时间使用。

(4) 利用其他过程中损失的或浪费的资源。

(5) 与其他子系统分享有用资源,动态地调节这些子系统。

(6) 根据子系统隐含的功能,合理开发、利用其他资源。

(7) 对其他资源进行变换,使其成为有用资源。

通常,可以通过几个渠道寻找物质资源:系统内部—系统外部、直接资源—派生资源、静态资源—动态资源。

第十一章 TRIZ 创新方法

技术系统的资源利用顺序：执行机构的资源—环境的资源—超系统的资源—系统作用对象的资源。只有系统内部的所有资源都不能解决问题时，才考虑从外部引入新的资源。

第三节 TRIZ 的核心思想

TRIZ 的体系内容繁杂，涉及面比较广泛，那么有没有一种核心思想贯穿整个理论呢？

干果去皮方法

在去除干果的果皮时，是将待去皮的干果置于高压环境中，使干果内部压力升高，当干果内、外压力平衡后迅速去除干果外部的压力，使之达到常压，干果即由于内、外压力差而使果皮爆裂，达到去皮的目的。

钻石的切割方法

钻石其实就是经过打磨的金刚石，其非常坚硬，常用于切割其他物品，那么金刚石自身该如何被切割呢？可以利用金刚石内部的细微裂纹，通过压力的突然改变，使金刚石按内部的裂纹裂开，便轻松完成了切割。

管道过滤网的清洗方法

管道过滤网的作用是过滤管内的杂质，保护阀门、水泵等设备的正常运转。但长期使用后，污物将牢固地聚集在过滤网的表面或网孔内，会严重影响过滤效果。过滤网的清洗十分困难，我们可以使管道内过滤网内表面和外表面形成压力差，当压力差达到预设值时，自清洗循环便启动，突然产生一股吸力强劲的反冲洗水将过滤网上的污物清洗干净，并直接排出。

以上三个案例来自食品加工、工业等不同的领域，解决的是脱壳、切割和清洗三个不同的问题，但是，它们使用了同一个原理——"瞬间压力差"。

我们可以用相同的原理去解决不同领域产生的不同问题。根据这一发现，阿奇舒勒决定从专利中寻找解决问题时潜在的、最常用的方法。基于这一思想，阿奇舒勒和他的团队对不同工程领域的专利进行了归纳、整理和总结,凝练出了专利中解决问题最常应用的一些方法和原理。因此,TRIZ的第一个核心思想是:不同行业遇到的问题,可以采用相同的原理予以解决。

在研究专利的过程中,阿奇舒勒还有另一个发现和想法:技术系统或产品改进和发展不是随机的,而是遵循着一定的客观规律。也就是说,技术系统或产品改进和发展的过程是类似的,比如说功能会越来越丰富,自动化程度会越来越高。

正是因为产品发展的规律性的存在,所以各国的发明家往往在改进同一产品时,最终会得到相同的改进方案。于是阿奇舒勒将技术系统发展和进化过程中遵循的规律进行了归类,总结出一条条的进化路线和进化法则,每条法则代表着技术系统在某一方面的发展趋势。根据这些进化法则,我们在设计产品时就可以预测产品今后的发展方向,并依据进化路线的提示去设计和改进产品。这里所提到的法则,在TRIZ中被称为技术系统的进化法则。比如:结构动态性进化法则。结构动态性进化法则描述的规律是产品在进化发展的过程中,结构上的柔性和动态性将会增强,沿着以下顺序向前发展:刚性体—单铰链—多铰链—弹性体—粉末—液体/气体—场。例如:键盘的演变过程,最早发明的键盘是一体化键盘,即刚性键盘,后来有了折叠键盘;随后有人发明了完全柔性的硅胶键盘,它能卷起来储放;之后是触摸式的液晶输入键盘,由介于固体与液体之间的液晶分子组成;再之后就是场键盘,场键盘是用红外投影投射到桌面上,操作者直接在虚拟键盘上完成输入。由此可见,键盘结构形态的发展就是在按照上述进化法则演化的。进化法则是一种揭示产品发展方向的有效工具。因此,TRIZ的第二个核心思想是:产品或技术系统的发展不是随机的,而是按照一定的规律在发展和进化。

发明原理和技术系统进化法则是TRIZ体系中最早产生的两项内容,二者体现了TRIZ的两个核心思想,同时是TRIZ体系中所有工具的精髓所在。

什么是九屏幕法?请用此方法完成一项新产品的创意。

参考文献

REFERENCES

[1] 刘道玉.创造性思维方法训练[M].北京:首都经济贸易大学出版社,2012.

[2] 曹福全.创新思维与方法概论——TRIZ的理论与应用[M].哈尔滨:黑龙江教育出版社,2009.

[3] 曹福全,丛喜权.创新思维训练[M].北京:高等教育出版社,2019.

[4] 李猛.思维导图大全集[M].北京:中国华侨出版社,2010.

[5] 王竹立.你没有听过的创新思维课[M].北京:电子工业出版社,2015.

[6] 孙晓鸥,吴永志,李建峰.TRIZ理论基础教程[M].哈尔滨:黑龙江科学技术出版社,2014.

[7] 杨哲,张润昊.创新思维与能力开发[M].南京:南京大学出版社,2016.

[8] 陈工孟.创新思维训练与创造力开发[M].北京:经济管理出版社,2016.

[9] 吴晓义.创新思维[M].北京:清华大学出版社,2016.

[10] 吕丽,流海平,顾永静.创新思维——原理·技法·实训[M].北京:北京理工大学出版社,2014.

[11] 胡飞雪.创新思维训练与方法[M].北京:机械工业出版社,2009.

[12] 冯林.大学生创新基础[M].北京:高等教育出版社,2017.

[13] 爱德华·德·波诺.平行思维——解读六项思考帽的深层价值[M].王以.译.北京:企业管理出版社,2004.

[14] 杨清亮.发明是这样诞生的:TRIZ理论全接触[M].北京:机械工业出版社,2011.

[15] 吉家乐.哈佛思维训练课[M].天津:天津科学技术出版社,2014.

[16] 王薇.受益一生的脑力训练[M].北京:人民邮电出版社,2012.

[17] 邱章乐.思维风暴[M].北京:东方出版社,2009.

[18] 侯光明.创新方法系统集成及应用.[M].北京:科学出版社,2012.

[19] 蔡文.创意的革命.[M].北京:科学出版社,2010.

[20] 王非.思维决定人生.[M].北京:光明日报出版社,2012.

[21] 王跃新.创新思维学[M].长春:吉林人民出版社,2010.

[22] 曹莲霞.创新思维与创新技法新编[M].北京:中国经济出版社,2010.

[23] 周苏,王硕苹等.创新思维与方法[M].北京:中国铁道出版社,2016.

[24] 王占仁,刘志,刘海滨,李亚员.创新创业教育评价的现状、问题与趋势[J].创业就业教育,2016(08).

[25] 李家华、卢旭东.把创新创业教育融入高校人才培养体系[J].中国高等教育,2010(12).

[26] 翟杰全.大学的教育创新和创新教育[J].北京理工大学学报(社会科学版),2007,(04).

[27] 韩博.九屏幕图在TRIZ理论教学中若干问题的探讨[J].创新科技,2014(4):6-7.

[28] 徐世平,史贤华.国外高校创新创业教育研究述评——兼论我国高校创新创业教育的路径探索[J].曲靖师范学院学报,2016,35(02).

[29] 程宝华.应用型本科院校大学生创新创业教育研究[D].济南:山东师范大学,2015.

[30] 赵金华.基于科技创新的我国理工院校创业教育[D].南京:南京师范大学,2014.